气象科普工作的现在和未来思考

内 容 简 介

本书从近些年国家领导人对科普工作的重要论述出发，详细分析了目前科普工作在新的时代背景下所处的特殊环境和发展机遇，并结合气象部门的特色，对多个方面的气象科普工作进行了梳理和思考，如我国气象防灾减灾科学教育、气象科普工作的效益评价体系、科技人员科普工作的绩效评价、高新技术在气象科普领域的应用、如何发挥应急气象科普的作用等，并对未来气象科普工作的发展从业务化、信息化、常态化和长效化等方面提出建议和对策。

图书在版编目(CIP)数据

气象科普工作的现在和未来思考 / 刘波等编著. —北京：气象出版社，2018.6(2020.4 重印)
　　ISBN 978-7-5029-6782-6

Ⅰ. ①气… Ⅱ. ①刘… Ⅲ. ①气象学-科普工作-研究 Ⅳ. ①P4

中国版本图书馆 CIP 数据核字(2018)第 129768 号

Qixiang Kepu Gongzuo de Xianzai he Weilai Sikao
气象科普工作的现在和未来思考

出版发行：气象出版社	
地　　址：北京市海淀区中关村南大街 46 号　邮政编码：100081	
电　　话：010-68407112（总编室）　010-68408042（发行部）	
网　　址：http://www.qxcbs.com　　E-mail：qxcbs@cma.gov.cn	
责任编辑：邵　华　王鸿雁	终　　审：吴晓鹏
责任校对：王丽梅	责任技编：赵相宁
封面设计：博雅思企划	
印　　刷：北京中石油彩色印刷有限责任公司	
开　　本：710 mm×1000 mm　1/16	印　　张：6
字　　数：120 千字	
版　　次：2018 年 6 月第 1 版	印　　次：2020 年 4 月第 2 次印刷
定　　价：30.00 元	

本书如存在文字不清、漏印以及缺页、倒页、脱页等，请与本社发行部联系调换。

目 录

第1章 从党和国家领导人近十年对科普工作的重要论述看气象科普的未来发展方向 ………………………………………………………… 1
  1.1 2007—2016 年党和国家领导人对科普工作的重要论述 …………… 3
  1.2 2007—2016 年党和国家领导人重要论述分析 ……………………… 5
  1.3 气象科普工作发展重要事件 …………………………………………… 7
  1.4 未来发展建议 …………………………………………………………… 9
  参考文献 ………………………………………………………………………… 10

第2章 从气象科学知识普及率的调查结果看我国气象科普工作的区域差异 …………………………………………………………………… 11
  2.1 气象科学知识普及率调查简介 ………………………………………… 13
  2.2 结果分析 ………………………………………………………………… 17
  2.3 结论和思考 ……………………………………………………………… 23

第3章 我国气象防灾减灾科普教育的现状、对策和发展建议 ………… 27
  3.1 我国面临的气象灾害现状及其影响 …………………………………… 27
  3.2 我国气象防灾减灾科普教育的现状 …………………………………… 29
  3.3 气象防灾减灾科普教育未来发展的对策、方向和发展建议 ………… 30
  参考文献 ………………………………………………………………………… 32

第 4 章　科学可视化在气象科普中的应用初探 …………………………… 33
4.1　科学可视化的发展概况 ………………………………………… 35
4.2　应用实例分析 …………………………………………………… 36
4.3　存在的困难和未来发展建议 …………………………………… 40
参考文献 ……………………………………………………………… 40

第 5 章　科研院所科普效果评价指标与方法探讨 …………………… 41
5.1　近五年中国气象科学研究院科普工作开展情况 ……………… 44
5.2　科研院所科普效果评价目的和原则 …………………………… 45
5.3　科研院所科普评价指标体系的构建 …………………………… 46
5.4　评价方法的确定 ………………………………………………… 47
5.5　思考与建议 ……………………………………………………… 47
参考文献 ……………………………………………………………… 49

第 6 章　现代化气象科普工作评估指标体系初探 …………………… 51
6.1　国内外研究现状 ………………………………………………… 53
6.2　气象科普工作评估指标体系的构建 …………………………… 55
6.3　评估方法的确定 ………………………………………………… 59
6.4　结语 ……………………………………………………………… 59
参考文献 ……………………………………………………………… 59

第 7 章　气象科普在公共气象服务中的重要作用——先导性、桥梁纽带和补充性作用 …………………………………………………… 61
7.1　气象科普在公共气象服务中的先导性作用 …………………… 63
7.2　气象科普在公共气象服务中的纽带和桥梁作用 ……………… 64
7.3　气象科普在公共气象服务中的补充作用 ……………………… 65
参考文献 ……………………………………………………………… 66

第 8 章　气象科普在舆论引导和突发公共事件应对方面的重要作用 …… 67
8.1　应急科普概念及其内涵 ………………………………………… 69
8.2　应急科普的特点 ………………………………………………… 71
8.3　典型案例分析 …………………………………………………… 72

8.4 结论与讨论 ·· 73
参考文献 ·· 74

第 9 章 突发公共气象事件应急科普机制研究 ····························· 75
9.1 气象部门突发和重大天气气候事件应急科普发展现状 ············ 77
9.2 气象部门突发和重大天气气候事件应急科普存在的问题 ········· 78
9.3 完善和建立健全气象部门应急气象科普机制的对策和建议 ······ 79
参考文献 ·· 80

第 10 章 具有"智慧气象"特征的现代化气象科普信息化建设 ········ 81
10.1 气象科普信息化内涵及现状 ·· 84
10.2 气象科普信息化和"智慧气象"之间的内在联系 ··················· 85
10.3 具有"智慧气象"特征的现代化气象科普信息化建设设想 ······ 86
参考文献 ·· 88

第1章

从党和国家领导人近十年对科普工作的重要论述看气象科普的未来发展方向

第1章 从党和国家领导人近十年对科普工作的重要论述看气象科普的未来发展方向

科普工作在提高公民科学文化素质，实现科学技术、科学方法和科学思想的传播方面发挥着重要作用。新中国成立初期，党和国家领导人就十分重视科普工作，提出奖励科学的发现和发明，普及科学知识。党的十一届三中全会后，邓小平同志明确提出"科学技术是第一生产力"的重要论断，对科普工作有重要的指导意义。党和国家领导人多次对科普工作发表重要论述，对科普工作的方针政策、任务思想、工作内容等方面提出了意见和要求，指引科普事业繁荣发展。随着科学技术的发展，新时期科普工作的发展面临更大的挑战，对近十年党和国家领导人对科普工作的重要论述进行分析和探讨，对科普工作的发展有重要指示意义。

1.1 2007—2016年党和国家领导人对科普工作的重要论述

2016年5月30日，中共中央总书记、国家主席、中央军委主席习近平在全国科技创新大会、两院院士大会、中国科协第九次全国代表大会（以下简称"科技三会"）上的讲话中提出："科技创新、科学普及是实现创新发展的两翼，要把科学普及放在与科技创新同等重要的位置。没有全民科学素质普遍提高，就难以建立起宏大的高素质创新大军，难以实现科技成果快速转化。希望广大科技工作者以提高全民科学素质为己任，把普及科学知识、弘扬科学精神、传播科学思想、倡导科学方法作为义不容辞的责任，在全社会推动形成讲科学、爱科学、学科学、用科学的良好氛围，使蕴藏在亿万人民中间的创新智慧充分释放、创新力量充分涌流。"[1]

这次讲话第一次明确定位了科学普及,并且给出了一个明确的参照系,即和科技创新同等重要。那么科技创新到底有多重要呢?党的十八大以来,习近平总书记把创新摆在国家发展全局的核心位置,明确提出了创新是引领发展的第一动力、实施创新驱动发展战略、推进以科技创新为核心的全面创新、科技创新是提高社会生产力和综合国力的战略支撑等一系列新思想、新论断、新要求[2]。也就是说,习近平总书记把科学普及工作上升到了一个与国家核心战略并驾齐驱的层面,这在历史上是绝无仅有的。同时,这次讲话中更加明确地对广大科技工作者提出了开展科普工作的要求和希望,这一点也非常重要,科技工作者是科技创新的源动力,没有广大科技工作者的重视和广泛参与,科学普及工作不可能开展好,只有科技工作者真正把科学普及工作当作科技创新来重视和对待,才有可能使科技创新和科学普及成为创新工作的两翼。

在随后短短的半年内,党和国家领导人刘云山、刘延东、李源潮、万钢等都围绕习近平总书记的重要讲话精神对科普工作各个方面做了更加详细和具体的论述。

中共中央政治局常委、中央书记处书记刘云山指出:"要坚持面向基层、面向青少年,建好用好科技馆、博物馆等科普基础设施,推动形成社会化科普工作格局,加快建立普惠共享的科普体系。要创新科普理念和服务模式,大力推动科普信息化,注重运用互联网技术开展科普教育,增强科普教育的知识性和趣味性,提高科普工作的吸引力感染力,推动形成讲科学、爱科学、学科学、用科学的良好氛围。"[3]

中共中央政治局委员、国务院副总理刘延东指出:"要大力实施'互联网+科普'行动,以信息化推动科普工作理念和服务模式的现代化。要以互联网思维改造科普工作体制机制,建设众创、众筹、众包、众扶、分享的科普生态圈,促进颠覆式技术的迭代更新和商业模式创新。要强化传播协作,推动报刊、电视等传统媒体与新兴媒体深度合作,形成具有强大活力和竞争力的传播体系。要强化科普信息落地应用,依托大数据、云计算等信息技术手段,实现科普精准化服务。"①

中共中央政治局委员、国家副主席李源潮明确表示"科普要跟上科技创新的步伐","要大力推进科普信息化,实施'互联网+科普'工程,创新科普理念、

---

① 刘延东.创新科普理念和服务模式 打造信息化科普新引擎,全民科学素质行动实施工作电视电话会议上的讲话,2016年6月22日。

科普技术、科普手段,更好地满足人民群众日益增长的科学文化需求"。①

全国政协副主席、科技部部长,中国科协主席万钢在第十八届中国科协年会的致辞中指出:"新成果、新技术的推广应用急需科学普及。"[4]

1.2 2007—2016 年党和国家领导人重要论述分析

为了更多地了解党和国家领导人在科普方面的重要论述,笔者通过网络检索了 2007 年以来党和国家领导人公开发表的讲话,结果发现上面提到的几位党和国家领导人几乎可以组成近 10 年来我国科普领域的最高决策层,同时也是发表与科普相关讲话最多的领导人。

表 1-1 党和国家领导人公开发表与科普相关讲话情况(根据网络检索整理)

发表讲话年份	发表讲话次数					
	习近平	李克强	刘云山	刘延东	李源潮	万钢
2007						
2008	1					
2009	1			2		
2010	1			1		
2011	2			3		
2012	1			1		
2013	1		1			
2014		2	1		3	
2015		1	1	1	3	1
2016	1		2	1	2	1
合计	8	3	5	10	8	2

根据表 1-1 中的不完全统计,在过去 10 年间,分管科技的国务院副总理刘延东发表的讲话最多,共有 10 次,分别是在全国科技活动周开幕式 3 次,全民科学素质行动实施工作电视电话会议 2 次,《全民科学素质行动纲要》实施工作汇报会上讲话 2 次,两院院士大会 1 次,中国科协会员日报告 1 次,中国科

---

① 李源潮.创新科普方式 更快更有效地提升全民科学素质,中国科协第九次全国代表大会闭幕式上的讲话,2016 年 6 月 2 日。

协年会开幕式1次。习近平总书记发表的与科普相关的讲话共有8次，包括前文提到的在"科技三会"上的重要讲话，其余7次讲话都是在时任国家副主席时做出的，6次是在2008—2013年全国科普日活动上的讲话，1次是在中国科协第八次全国代表大会上祝词，讲话分布的时间也比较平均，除2014和2015年外，每年至少发表1次讲话。李源潮副主席讲话也有8次，分别是在2016年中国科幻大会开幕式、全国学会和地方科协工作会议、中国科协科普信息化工作座谈会、中国老科技工作者协会第六次全国会员代表大会、与科普科幻创作者座谈会、与科普创作工作者座谈会、到《知识就是力量》杂志社调研、中国科协八届五次全委会，他的讲话主要集中在2014—2016年间，而且8次讲话分别是在不同场合、面对不同的人群。中央书记处书记刘云山涉及科普的讲话有5次，主要集中在2013—2016年，其中4次是参加全国科普日活动时，1次是在中国科协第九次全国代表大会上。李克强总理的讲话和批示共有3次，分别是第十二届全国人民代表大会第二次会议上作政府工作报告、2014年在两院院士大会上的报告、2015年对全国科技活动周做出重要批示。全国政协副主席、科技部部长、中国科协主席万钢的讲话有2次，1次是在2015年全国科技工作会议上作工作报告，1次是在第十八届中国科协年会致辞。

除此以外，时任中共中央总书记的胡锦涛在2008年中国科协成立50周年大会上的讲话中指出："希望我国广大科技工作者大力普及科学技术，积极为提高全民族素质做出新贡献。科技成果只有为全社会所掌握、所应用，才能发挥出推动社会发展进步的最大力量和最大效用。科技工作包括创新科学技术和普及科学技术这两个相辅相成的重要方面。"时任国务院总理的温家宝也在2007和2008年国家科学技术奖励大会上的讲话上指出："培养人才要从娃娃抓起，重视对中小学生科学素质的培养，让他们既会动脑，又会动手。培养他们的创新思维，保护他们的创造精神，使他们从小树立热爱科学、献身科学的远大志向。""要广泛普及科学知识，传播科学方法，用科学思想战胜愚昧落后。在全社会形成学科学、用科学，尊重知识、尊重人才的浓厚氛围。"

根据网络搜索结果的统计，这些党和国家领导人的讲话，主要是在全国科技周、全国科普日、国家科学技术大会、两院院士大会、全民科学素质行动实施工作电视电话会议及一些座谈会等上发表的，其中在全国科技周和全国科普日这两个目前全国最大的科普活动上发表的讲话最多，近10年有14次讲话或批示出现，占整个统计样本的37.8%。这表明科普活动仍然是开展科普工作的重要载体和平台，并且在未来相当长的时间仍然会持续。发表讲话的场合除了纯粹科普工作活动外，主要是在一些科技工作的重要会议上，如两院院士大会、科技创新大会和国家科学技术奖励大会,这也从另一方面证明科普工作和科技工作的密不可分,正如李克强总理所说的"科技发展和普及是大众创业、万众创新的重要支撑"。

综合上面党和国家领导人的讲话精神和内容,我们不难总结出科普工作目前和未来发展的几个方向:

(1)与科技创新紧密结合,积极发挥科学普及在科技成果转化中的重要桥梁纽带和催化剂作用;

(2)推动社会化科普工作格局形成,加快建立普惠共享的科普体系;

(3)大力实施"互联网+科普"行动,以信息化推动科普工作理念和服务模式的现代化;

(4)加强科学教育工作,为大众创业、万众创新夯实基础。

1.3 气象科普工作发展重要事件

气象科普工作历史悠久,可以追溯到新中国成立前,从1924年10月10日,中国气象学会正式成立的那一天起,气象科普工作就被气象学会列入学会工作的重要议事日程,成为其重要且不可缺的组成部分。1982年4月在重庆召开的中国气象学会科普工作会议是一次堪称里程碑的会议,在该次会议上提出了组织一支科普队伍是开展科普工作的支柱;从生产和人民群众生活的需要出发,准确及时地宣传气象知识,是取得气象科普明显成效的正确途径;党的领导和重视是搞好气象科普工作的关键。对于现在开展气象科普工作,乃至未来开展科普工作都具有非常重大的指导意义。时任中国气象局副局长邹竞蒙批示:科普工作颇有成绩,对精神文明建设有了一些贡献,没有科普或气象科普开展的很差,几万人的气象服务效果就要打折扣。人民群众掌握了气象科普知识,"用"气象的经济效益就会获得最大的"效益"。

1997年9月10—12日,在北京召开了第一次全国气象科普工作会议。大会工作报告中针对加强气象科普工作提出以下措施:提高认识、加强对科普工作的领导;动员和组织全行业的力量开展气象科普工作;加大科普投入;加强科普队伍建设;加快气象科普政策研究和制度建设步伐;加强科普研究,扩大与国外的交流与合作。会议讨论通过了《中国气象局、中国气象学会关于加强气象科学技术普及工作的意见》。这次会议标志着气象部门对气象科普管理职能的进一步加强,使气象科普活动由过去主要侧重于气象科技知识的普及向科学知识、科学方法和科学思想的全面普及转变，气象科普由气象行业各单位组织开展向统一、协调、有序开展的转变。

2003年12月5—6日，在中国气象局召开了第二次全国气象科普工作会议。工作报告中提出：从战略高度提高对气象科普工作的认识，切实加强领导，建立健全气象科普工作制度；围绕新时期气象事业发展的总体目标和任务，不断拓宽气象科普领域，提高质量和社会效益；加强气象科普能力建设，增加经费投入，加快队伍建设，弘扬科学精神，积极传播气象文化；积极推进气象科普基地建设，继续做好气象台站对外开放工作；加强气象科普法规建设，加强气象科普运行机制和科普理论研究。这次会议更加明确地指出了气象科普工作的前进方向，并首次将气象法规建设提上了工作日程。

2008年11月17—18日，在北京召开了第三次全国气象科普工作会议。大会明确提出：提高认识，充分发挥气象科普在公共气象服务中的引领作用；把握重点，以对人民群众的深厚感情做好气象防灾减灾科普工作；面向全社会，以高度负责的态度做好气候变化科普工作；转变观念，以战略的高度做好面向"三农"的气象科普工作；着眼全局，为推动气象事业又好又快发展做好气象科普工作。

这次会议进一步明确了气象科普在整个公共气象服务中的重要地位，以及气象科普工作的三个重点方向，即防灾减灾、应对气候变化和服务"三农"。

2012年8月31日，中国气象局气象宣传与科普中心正式成立，它的成立也意味着气象科普有了一支真正的专业团队，作为气象科普的国家级业务单位，对全国气象部门的科普工作具有业务指导职责，这也标志着气象科普正逐渐成为气象部门业务工作的重要组成部分。

2012年10月26日，中国气象局召开了第四次全国气象科普工作会议。报告中提出新时期做好气象科普四个"着力"：要着力发挥气象科普工作在公共气象服务中的作用；要着力提高气象科普的针对性和有效性；要着力构建气象科普社会化工作格局；要着力提升气象科普的能力和水平。本次会议也明确了气象科普的发展将朝着业务化、常态化、社会化和品牌化的方向发展。

2016年在全国气象科技创新大会上，时任中国气象局局长郑国光发表题为"建设国家气象科技创新体系 全面推进新时期气象现代化"的讲话，要求"要更加重视气象科普工作，将气象科普工作放在气象科技创新工作中更加重要的位置，切实把'软任务'变成'硬措施'，联合社会力量，强化传播协作，完善气象科普工作机制，普及气象知识，弘扬科学精神，推广气象科技，努力提升全社会气象科学素质"。

1.4 未来发展建议

通过上面的分析,我们可以得出这样的结论,气象科普的未来发展方向,应该是在紧跟国家大的方针政策和未来发展方向的基础上,进一步体现气象工作特色,在发展过程中既能把握科普工作的普遍规律,又能体现气象工作的特色和优势。关于未来气象科普工作的发展方向,提出以下几点建议:

(1)在气象科技创新工作中明确气象科普地位和任务,向"科学普及具有与科技创新同等重要的地位"的目标扎实努力。目前在气象科技创新工作中,并没有明确包括气象科普的工作内容和目标任务,这不利于气象科普工作与气象科技创新工作的紧密结合和协同发展,建议将发挥气象科普在气象科技成果转化过程中的重要作用作为一项重要任务来抓,同时,气象工作作为一项与国计民生密切相关的基础型、科技型工作,让公众了解一些前沿和高端的气象科研成果也应该成为气象科普工作的重要内容。

(2)顺应主流科普工作发展潮流,在气象信息化进程中,加强气象科普信息化建设。目前中国气象局正在大力发展气象信息化建设,在整个信息化建设体系中,气象科普信息化应该作为一项重要的内容,这对于对接社会科普内容和渠道,整合气象系统科普资源,推动科普工作智慧化发展具有深远意义。

(3)推进和加强气象科学教育工作,尤其是面向青少年的防灾减灾气象科学教育。作为科普工作的一个重要方面,科学教育工作已经引起社会方方面面的重视,气象作为一门多学科融合的科学,对培养青少年的逻辑思维能力、动手能力等都具有重要的作用,同时作为在自然灾害(气象灾害造成的损失占自然灾害损失的七成以上)中相对脆弱的个体,加强青少年防灾减灾和应对灾害能力的科学教育具有重要的现实意义。

(4)探索气象科普产业化发展道路,融入科普社会化格局。目前气象科普主要是以财政资金投入为主,基本属于纯公益性的工作,随着对科普工作的要求越来越高,气象科普经费解决渠道已经成为阻碍气象科普发展的瓶颈问题之一,只有积极融入科普社会化大格局,吸引更多的资金投入科普工作,才能保证气象科普工作的可持续性发展。

(5)加强气象科普业务化建设,在主流气象业务中准确定位。气象部门是个业务性单位,在整体气象业务体系中找到气象科普工作的准确定位,是保证气象科普能够获得更多支持的"捷径",因此,加强气象科普工作的业务化建设,在公共气象服务中找到自己的位置并进一步发挥作用,是气象科普工作实现跨越式发展的坚实基础。

参考文献

[1]习近平.为建设世界科技强国而奋斗——在全国科技创新大会、两院院士大会、中国科协第九次全国代表大会上的讲话[J].科协论坛,2016(6):42-48.

[2]中共中央文献研究室.习近平关于科技创新论述摘编[M].北京:中央文献出版社,2016.

[3]刘云山.科技工作者要争做创新发展的时代先锋——在中国科协第九次全国代表大会上的祝词[J].科协论坛,2016(6):13-15.

[4]万钢.万钢:科学普及是"双创"的重要社会基础[J].河南科技,2016(20):4-4.

第 2 章

从气象科学知识普及率的调查结果看我国气象科普工作的区域差异

第 2 章 从气象科学知识普及率的调查结果看我国气象科普工作的区域差异

经过多年的不断摸索,我国的气象科普工作已经初具规模。但由于发展时间较短,全民科学素养相对偏低,大众对气象科学的了解和理解还明显不够,导致全民气象意识薄弱,气象科学知识匮乏,大众防灾减灾和应对气候变化的能力亟待加强。

为了更有针对性地开展气象科普工作,了解和掌握目前气象科学知识普及的基本情况是最基础和需要优先考虑的工作。因此,中国气象局高度重视气象科学知识普及率,于 2015 年底印发《国家级气象业务现代化指标体系和监测评价实施办法(修订版)》和《省级气象现代化指标体系和评价实施办法(修订版)》,将"气象科学知识普及率"纳入气象业务现代化评价指标体系。

2.1 气象科学知识普及率调查简介

气象科学知识普及率调查由中国气象局和国家统计局共同组织实施。具体由国家统计局社情民意调查中心、中国气象局公共气象服务中心和中国气象局气象宣传与科普中心负责,其中现场调查工作、调查数据整理、汇总等由国家统计局社情民意调查中心负责,调查问卷题目、调查样本质量控制和检验由中国气象局公共气象服务中心和中国气象局气象宣传与科普中心负责。

气象知识普及率的调查内容主要包括受访者个人信息、灾害预警、气候变化、气象信息应用、获取气象科学知识的渠道以及热点气象科学基础知识等。围绕这些内容设计了调查问卷,其问卷题目如表 2-1 所示。

表 2-1　调查问卷题目

题型	序号	题目	备选答案
选择题	A1	您知道除了日常的天气预报外,气象部门还会发布"灾害性天气预警"吗?【单选】	1.知道　2.不知道
	A2	您了解气象灾害预警信号的含义及相应的防御措施吗?【单选】	1.了解　2.比较了解　3.一般　4.不了解　5.说不清
	A3	您了解当前多发的暴雨洪涝、高温、雾和霾、积雪、冰雹和大风等极端天气和气候事件,与全球气候变化之间的关系吗?【单选】	1.了解　2.比较了解　3.一般　4.不太了解　5.不了解　6.说不清
	A4	(城市)当了解或经历过上述极端或灾害性天气时,您愿意对您的生活方式或工作方式做出以下哪种做法来适应或应对全球气候变化?【多选】	1.选择环保产品　2.选择环保的出行方式　3.调整生活方式节能减排　4.购买相关气象或气候保险　5.学习气象灾害和气候变化相关的专业知识和技能　6.参加政府或相关部门提供的培训或辅导　7.其他(请注明:_____)
		(农村)当了解或经历过上述极端或灾害性天气时,您愿意对您的生活方式或工作方式做出以下哪种做法来适应或应对全球气候变化?【多选】	1.调整种植或养殖方式　2.改变种植养殖品种　3.转换谋生方式　4.购买相关气象或气候保险　5.学习气象灾害和气候变化相关的专业知识和技能　6.参加政府或相关部门提供的培训或辅导　7.其他(请注明:_____)
	A5	(城市)您获得的气象服务信息对您的生活有用吗?如:能指导您穿衣、出行,帮助您避灾。【单选】	1.有用　2.比较有用　3.一般　4.不太有用　5.没用　6.说不清
		(农村)您获得的气象服务信息对您所在地的农事安排(如播种、灌溉、收割等)有帮助吗?【单选】	1.有用　2.比较有用　3.一般　4.不太有用　5.没用　6.说不清
	A6	您最常用以下哪种渠道来获取气象信息?【多选】	1.电视节目　2.声讯电话　3.广播节目　4.报刊　5.手机短信　6.手机APP　7.微信微博　8.网站　9.公交、地铁等流动媒体节目　10.电子显示屏　11.社区宣传栏　12.其他(请注明:_____)
判断题	B1	雾和霾不是一回事。	1.对　2.错
	B2	雷雨天可以在大树下避雨。	1.对　2.错

第 2 章 从气象科学知识普及率的调查结果看我国气象科普工作的区域差异

为了更加深入地了解和分析公众对气象科学知识的了解程度,我们构建了反映气象科学知识普及率的指标体系,并确定了相应的计算公式。指标体系如表 2-2 所示。气象科学知识普及率的指标共设一级指标 5 个,分别为灾害预警普及率、气候变化、气象信息内容实用性、气象信息传播渠道和气象知识认知度,其中灾害预警普及率包括灾害预警知晓率、气象灾害预警信号的含义及相应的防御措施的了解程度两个二级指标,气候变化包括气候变化的了解程度和应对气候变化的行动两个二级指标,气象知识认知度包括雾、霾知识和防雷知识两个二级指标。

表 2-2 气象科学知识普及率指标体系

编号	一级指标	权重	二级指标	权重	难度系数
A1	灾害预警普及率	20	灾害预警知晓率	10	
A2			气象灾害预警信号的含义及相应的防御措施的了解程度	10	
A3	气候变化	10	气候变化的了解程度	5	
A4			应对气候变化的行动	5	
A5	气象信息内容实用性	25			
A6	气象信息传播渠道	15			3
B1	气象知识认知度	30	雾、霾知识	10	
B2			防雷知识	20	

考虑到调查结果是 2015 年与 2016 年两年的数据,而这里我们主要考察的是不同省份之间的差异(主要是空间上的),所以在这里采用不同省份两年数据的平均值作为该省的代表性数据来进行分析和研究。具体每道题的计算方法如下:

$$A1 = 知道气象灾害预警信息的比例 \times 100 \qquad (2-1)$$

A2、A3 和 A5 的计算方法相同。在所有样本的范围内,首先计算"了解""比较了解""一般""不了解""说不清"各占多少比例,然后使用赋值方法进行加权。具体公式为:

$$A2 = \frac{"了解"的比例 \times 100 + "比较了解"的比例 \times 80 + "一般"的比例 \times 60}{1 - "说不清"的比例}$$

$$(2-2)$$

A4 和 A6 是多选题。其中 A4 公众应对气候变化的行动得分使用赋值方法进行计算，对于城市居民选择"选择环保产品""（调整）生活方式节能减排""选择环保的出行方式"中任意选项获得 20 分，叠加最高分为 60 分；选择其余选项得 10 分，叠加最高分为 40 分。对于农村居民"调整种植或养殖方式""学习气象灾害和气候变化相关的专业知识和技能""参加政府或相关部门提供的培训或辅导"中任意选项获得 20 分，叠加最高分为 60 分；选择其余选项得 10 分，叠加最高分为 40 分。

$$A4 = 城市居民得分 \times 城镇人口比例 + 农村居民得分 \times 农村人口比例 \quad (2-3)$$

A6 气象信息传播渠道的使用情况，居民每选一个选项可以得到 8.3 分，12 个选项全选可得 100 分。具体公式如下：

$$总体气象信息传播渠道得分 = 城市居民得分 \times 城镇人口比例 + 农村居民得分 \times 农村人口比例 \quad (2-4)$$

B1 和 B2 公众对气象知识认知度，计算方法一致，在所有样本的范围内，计算"答对"占多少，赋值产生"气象知识认知率"指标，具体公式为：

$$认知度 = 认知率 \times 100 \quad (2-5)$$

在多项指标构成的评估体系中，因事物本身发展的不平衡，各种指标的重要程度各不相同。各个指标的权重能反映评估指标对某项评价结果的贡献程度，权重的确定取决于指标所反映的评价内容重要性和指标本身信息的可依赖程度。气象科学知识普及率的计算公式，我们采取了德尔菲法确定指标权重，主要根据指标对评估结果的重要性和影响程度，由相关专家结合自身经验和分析判断来确定指标权重。首先，通过专家调查问卷的形式，请不同的专家单独给出指标权重；其次，我们对回收的问卷进行统计分类得出运算结果；再次，将运算结果通过现场讨论的形式征求专家意见，最后，确定出各指标的权重。考虑到目前公众对获取气象科学知识的渠道知道的较少，在未来希望加强在这块的工作，因此给这一指标增加了一个难度系数。最终得到的计算公式如下：

$$MPSD = (A1 \times 10 + A2 \times 10 + A3 \times 5 + A4 \times 5 + A5 \times 25 + d \times A6 \times 15 + B1 \times 10 + B2 \times 20)/100 \quad (2-6)$$

其中 MPSD 代表气象科学知识普及率指数，A1，A2，A3，A4，A5，A6，B1，B2 分别代表各个指标值；d 为难度系数，$d=3$。

2.2 结果分析

对调查数据的初步分析中,我们发现 A4(当了解或经历过上述极端或灾害性天气时,您愿意对您的生活方式或工作方式做出以下哪种做法来适应或应对全球气候变化?)以及 A6(您最常用以下哪种渠道来获取气象信息?)两道题的得分都特别低,其中 A4 各省(自治区、直辖市)最高分 17.18,最低分 15.02,A6 各省(自治区、直辖市)最高分 33.71,最低分 13.37。和其他题目的得分相比,这两题的得分偏低得太多,这是非常不正常的现象。经与各省(自治区、直辖市)气象局从事科普工作人员沟通和交流以及自身掌握的情况,发现各省(自治区、直辖市)在如何适应气候变化方面和通过各种不同渠道传播气象信息方面都做了大量的工作,而成效在调查中体现得非常不明显。

初步推断导致这两题分数不正常偏低的原因可能有:(1)由于采用的是电话调查,而且题目较多,因此在回答多选题的时候,受访者很可能只听到了他(她)觉得对的答案就选了,而没有完整了解题目,这一点可能从 A4 和 A6 的得分基本是选择了 1 个或是 2 个答案推断出来;(2)在制定多选题分数的计算规则时,前期的研究不够,分数的分配方案并不完全符合实际。这两方面的问题,我们将在后面的调查中尽量避免和完善。鉴于此,为了更加客观真实,在这里我们只讨论其他六个指标的结果。

2.2.1 气象灾害预警知晓率

关于气象灾害预警知晓率的结果如表 2-3 所示,其中湖北省的得分最高为 86.73,全国得分超过 60 的有 11 个省(自治区、直辖市),约占全国的 35%,从另一个角度说,就是全国有 65% 的省份在这一题上不及格,也就是说这些省份的公众知道气象部门发布灾害性天气预警的人数不足 60%。作为气象部门一个重要职能,灾害性天气预警对于保护人民生命财产安全方面的作用,比正常的天气预报要重要得多,防灾减灾,重在防,而防范的前提是要提前知道,所以各级气象部门应该加强这方面的宣传科普工作,让更多的人了解和清楚灾害性天气预警信息是由气象部门发布的,并及时收听收看。

表 2-3　气象灾害预警知晓率得分排行

排名	省（自治区、直辖市）	A1	排名	省（自治区、直辖市）	A1
1	湖北省	86.73	17	河南省	57.68
2	天津市	69.31	18	福建省	55.26
3	北京市	67.92	19	安徽省	55.11
4	广西壮族自治区	65.13	20	西藏自治区	55.06
5	上海市	65.00	21	河北省	54.31
6	贵州省	64.88	22	广东省	54.21
7	四川省	64.48	23	内蒙古自治区	53.84
8	辽宁省	64.22	24	江苏省	52.28
9	宁夏回族自治区	61.57	25	新疆维吾尔自治区	50.52
10	青海省	61.10	26	吉林省	50.52
11	海南省	60.78	27	山东省	50.27
12	陕西省	59.83	28	江西省	49.80
13	湖南省	58.72	29	山西省	46.84
14	浙江省	58.14	30	重庆市	43.98
15	甘肃省	57.98	31	黑龙江省	35.16
16	云南省	57.90			

2.2.2　气象灾害预警信号了解程度

关于气象灾害预警信号的含义及相应的防御措施了解程度的结果如表 2-4 所示，这道题的结果要远远好于第一题，有约 80% 的省（自治区、直辖市）得分超过 60 分，剩余的省份也都超过 55 分。国家针对气象灾害预警信号和气象灾害的防御方法出台了相应的法律法规和条例，气象部门这些年也做了大量的工作去推广，从目前的调查结果上来看，效果还是不错的。但从一定程度上讲，可以提升的空间还比较大，在这方面可以进一步丰富气象灾害预警信号和相应防御措施对外宣传科普的方式方法和手段，在目前这个移动"互联网+"的时代，我们的科普方式还相对传统，往往是简单地把信息搬到网上，并没有结合互联网的特点和公众的阅读、学习习惯对内容进行深度的加工，在保持科学性、信息完整性的同时要多考虑内容的趣味性和通俗性，采取动漫、游戏，甚至 VR(虚拟现实)、AR(增强现实)、MR(混合现实)等高新技术手段来让公众通过更加轻松、快乐的方式学习。

表2-4 气象灾害预警信号的含义及相应的防御措施了解程度得分排行

排名	省(自治区、直辖市)	A2	排名	省(自治区、直辖市)	A2
1	贵州省	74.65	17	四川省	64.30
2	湖北省	71.80	18	江苏省	63.83
3	海南省	71.52	19	广西壮族自治区	62.90
4	江西省	71.48	20	西藏自治区	62.69
5	湖南省	70.63	21	山西省	61.23
6	浙江省	69.28	22	山东省	61.09
7	上海市	68.74	23	天津市	60.95
8	福建省	68.29	24	内蒙古自治区	60.82
9	陕西省	66.43	25	辽宁省	59.83
10	安徽省	66.20	26	北京市	59.62
11	新疆维吾尔自治区	66.13	27	河南省	59.21
12	重庆市	65.93	28	吉林省	59.16
13	甘肃省	65.89	29	青海省	59.08
14	广东省	65.54	30	黑龙江省	58.38
15	云南省	64.80	31	河北省	56.66
16	宁夏回族自治区	64.38			

2.2.3 气候变化了解程度

调查结果显示:虽然公众对全球变暖比较熟悉,但对气象灾害与气候变化之间的关系知道的很少,除湖北省外,其他省份在这一项上都不及格,详见表2-5。这表明相对于公众比较了解的气候变化方面的基本事实,更加深奥的关于在地球上出现的越来越多的气象灾害与全球气温升高之间存在某种联系的知识,目前公众获得的渠道还比较少,需要科学普及的内容还比较多,气象部门需要在这方面做的工作也比较多,这一点从目前只有8个省份的得分超过50分(只有湖北省超过60分),接近3/4的省份得分都在50分以下可以得出。

表 2-5 对气候变化的了解程度得分排行

排名	省（自治区、直辖市）	A3	排名	省（自治区、直辖市）	A3
1	湖北省	65.79	17	天津市	46.68
2	湖南省	55.43	18	北京市	46.30
3	浙江省	54.76	19	新疆维吾尔自治区	45.79
4	贵州省	54.71	20	西藏自治区	44.80
5	上海市	53.60	21	云南省	44.73
6	海南省	52.83	22	青海省	44.00
7	江西省	51.29	23	河南省	43.50
8	江苏省	50.99	24	广东省	42.70
9	陕西省	49.90	25	辽宁省	42.20
10	宁夏回族自治区	49.62	26	重庆市	41.97
11	安徽省	49.48	27	吉林省	41.63
12	福建省	49.24	28	河北省	40.00
13	甘肃省	48.93	29	山西省	39.96
14	山东省	48.00	30	内蒙古自治区	38.89
15	广西壮族自治区	47.84	31	黑龙江省	38.75
16	四川省	47.61			

2.2.4 气象信息内容实用性

表 2-6 给出了气象信息内容实用性的得分情况，这个结果还是令人满意的，全国 31 个省（自治区、直辖市），除西藏自治区外，其他得分都超过了 85 分，其中有 23 个省（自治区、直辖市）超过了 90 分，这一方面说明了公众对于目前气象信息内容实用性的满意程度较高，另一方面也说明了气象部门在气象信息的服务、科普和宣传方面做出的巨大努力收到了很好的效果。对于气象信息内容实用性的调查，我们在城镇和农村采用了不同更有针对性的题目，结果发现普遍城镇的得分要高于农村，平均高 3.9 分，其中北京市的城乡差异最大，接近 14 分，只有排在第一和第二的黑龙江省和湖北省的农村得分高于城镇，这也是为什么这两个省份得分最高，而且超过 95 分的原因。进一步的分析发现，全国 31 个省（自治区、直辖市）里，除了四川省（89.48）、云南省

(88.02)和西藏自治区(83.70)外,其他省(自治区、直辖市)的城镇部分的得分都超过90分,而农村部分,超过90分的只有13个省(自治区、直辖市),因此,今后在开展关于气象信息应用方面的科普工作中应在保持目前良好态势的基础上,针对农村公众科学素养相对较差的现实情况,有针对性地开发一些更加通俗易懂、寓教于乐的作品和产品。

表2-6 对气象信息内容实用性的得分排名

排名	省(自治区、直辖市)	A5	排名	省(自治区、直辖市)	A5
1	黑龙江省	96.27	17	陕西省	91.47
2	湖北省	96.02	18	江苏省	90.94
3	山东省	94.60	19	河北省	90.78
4	宁夏回族自治区	94.53	20	北京市	90.64
5	吉林省	94.44	21	天津市	90.46
6	辽宁省	93.05	22	重庆市	90.41
7	江西省	92.90	23	青海省	90.24
8	内蒙古自治区	92.77	24	贵州省	89.89
9	湖南省	92.74	25	广西壮族自治区	89.71
10	山西省	92.57	26	浙江省	88.72
11	海南省	92.55	27	福建省	88.53
12	安徽省	92.10	28	四川省	88.21
13	河南省	91.83	29	广东省	87.26
14	新疆维吾尔自治区	91.82	30	云南省	86.10
15	甘肃省	91.68	31	西藏自治区	77.20
16	上海市	91.47			

2.2.5 雾、霾知识认知度

表2-7是雾、霾知识的调查结果,这显示出明显的区域性特征,即从北到南各省(自治区、直辖市)得分呈明显的减少趋势。排名前三位的天津市、北京市和河北省是目前我国雾、霾最严重的地区,这些地区的公众对雾、霾知识和其防御手段科普的需求非常旺盛,气象部门以及社会上的很多气象爱好者们也制作了很多相关的科普产品和作品,这也导致在这几个地区公众有更多的

机会去深入了解雾、霾。再来看看排名倒数的分别是海南省、福建省、贵州省、云南省、广西壮族自治区和广东省，基本都位于我国的最南端，这些地方由于雾、霾引起的环境问题不像北方那么严重，因此，对这方面的关注也较少，分数自然不高。

表 2-7　雾、霾科普知识得分排名

排名	省（自治区、直辖市）	B1	排名	省（自治区、直辖市）	B1
1	天津市	92.48	17	湖南省	75.59
2	北京市	90.00	18	安徽省	74.52
3	河北省	86.41	19	甘肃省	71.60
4	山东省	84.78	20	江西省	71.60
5	黑龙江省	83.16	21	西藏自治区	70.82
6	吉林省	83.05	22	青海省	69.87
7	辽宁省	82.88	23	重庆市	69.66
8	山西省	82.88	24	四川省	68.81
9	江苏省	79.88	25	新疆维吾尔自治区	68.38
10	陕西省	79.71	26	海南省	66.34
11	内蒙古自治区	78.96	27	福建省	65.44
12	上海市	78.65	28	贵州省	65.00
13	湖北省	77.90	29	云南省	63.82
14	河南省	77.88	30	广西壮族自治区	61.96
15	宁夏回族自治区	77.35	31	广东省	58.17
16	浙江省	75.92			

2.2.6　雷电知识认知度

雷电知识一直是气象部门最重视的科普内容之一。其成效从表 2-8 各省（自治区、直辖市）雷电科普知识的得分上可以明显看出，全国 31 个省（自治区、直辖市）的得分都超过了 90 分，24 个省（自治区、直辖市）的得分都超过了 95 分。雷电防护的科普工作未来应从知识的传播，向更深层次的解决实际问题，让公众掌握更多的具有可操作性的防雷避险手段上转变。

表 2-8 雷电科普知识得分排名

排名	省（自治区、直辖市）	B2	排名	省（自治区、直辖市）	B2
1	北京市	98.34	17	重庆市	95.81
2	辽宁省	98.20	18	贵州省	95.80
3	河北省	98.18	19	四川省	95.74
4	山西省	98.04	20	安徽省	95.62
5	吉林省	97.92	21	河南省	95.62
6	湖北省	97.90	22	江苏省	95.55
7	山东省	97.74	23	广西壮族自治区	95.20
8	内蒙古自治区	97.48	24	新疆维吾尔自治区	95.09
9	天津市	97.17	25	江西省	94.96
10	陕西省	97.06	26	云南省	94.86
11	上海市	96.69	27	宁夏回族自治区	94.52
12	浙江省	96.41	28	甘肃省	94.45
13	福建省	96.28	29	青海省	93.39
14	海南省	96.03	30	西藏自治区	92.50
15	湖南省	95.97	31	黑龙江省	90.60
16	广东省	95.94			

2.3 结论和思考

从上面的分析中我们不难得出以下结论：

(1)对于灾害预警普及率、气候变化相关知识等基础性的气象知识虽然也存在区域性差异，但总体上科普的效果并不理想，究其原因，可能是此类科普产品的创作水平不高，内容同质化、单一化，从供给侧的角度未能满足公众快速增长的多元化、差异化需求，今后应该加强这方面的工作。

(2)气象信息内容实用性得分较高表明公众对目前气象服务和气象科普的内容是比较满意的，其中农村的得分低于城市，说明今后我们要加强农村气象信息的服务，考虑到农民的科学素养相对城镇偏低，更应该在进行气象信息服务时加强其科普性，做到雅俗共赏、通俗易懂。

(3)公众对同一个气象科学问题的了解和掌握程度存在明显的区域性差

异。一般来讲，大部分公众只对和自己切身利益相关的气象科学知识感兴趣，如针对雾和霾问题，京津冀地区公众的认识和理解要远远好于东南沿海地区。

总之，气象科学知识普及作为提高全民科学素质的重要组成部分，在未来应该努力做好以下几个方面的工作：

（1）加强气象科普工作顶层设计，把气象科学知识普及与气象业务、服务、科研相结合，将气象科学普及融入到气象现代化建设的各个方面，为气象科学知识普及创造更有利的条件。

（2）提高气象科普作品的原创能力，推动优质气象科普资源，尤其是针对不同用户和需求的精准科普产品研发，让气象科学知识普及更有效率、更有针对性。

（3）注重气象科学传播方式，推进由传统媒体传播、场馆展示为主向传统媒体和新媒体融合和互动转变，让气象科学知识的传播更有趣、更快乐。

（4）推动应急气象科普机制建设，对公众关注的热点气象问题和前沿气象科学技术最新进展快速响应，及时权威发声，让气象科学知识的普及更有用、更有效。

第 3 章

我国气象防灾减灾科普教育
的现状、对策和发展建议

天气与我们的日常生活息息相关,气候和气候变化与我们的生存环境和未来发展紧密相连。在全球气候变暖的大背景下,极端天气气候事件频发、多发、重发,气象灾害已经成为影响我国经济发展和社会安全的重要因素,据统计,在我国发生的自然灾害中有超过70%属于气象灾害,因此,加强气象防灾减灾教育,提高公众的防灾避险、自救互救能力,对于缓解人员伤亡和经济损失就变得更加重要。

3.1 我国面临的气象灾害现状及其影响

我国地处欧亚大陆东南部,地形地貌复杂,气候类型多样,大部分地区季风气候特色鲜明,冷、暖、干、湿的季节变化大。正是这种特殊的地理位置、特定的地形地貌和气候特征,致使我国气象灾害的种类多、分布广、频率高、强度大、损失重,属世界罕见。[1]随着全球气候变暖的不断加剧,在我国发生的极端气象灾害呈现频发、多发、重发的特点和趋势,尤其是随着我国经济社会的快速发展,城镇化水平持续提高,社会经济总量不断增大以后,气象灾害所造成的经济损失和社会影响比过去大得多。

据统计,在我国所有的自然灾害中71%

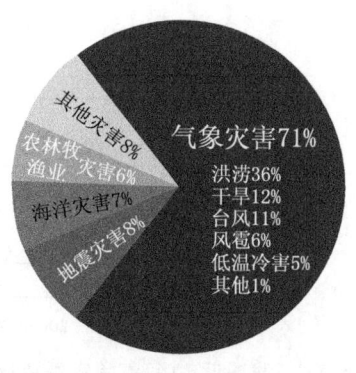

图3-1 不同种类自然灾害损失占比

是气象灾害，地震灾害占8%，海洋灾害占7%，农林牧渔业灾害占6%，其他灾害占8%。在气象灾害当中，洪涝灾害最严重(36%)，干旱次之(12%)，台风灾害排名第三(11%)，风雹灾害(6%)和低温冷害(5%)分别排在第四、第五位，这五种以外的其他气象灾害占1%(如图3-1所示)。根据国家气候中心最新统计，近10年(2006—2016年)平均每年因气象灾害受灾人口约3.5亿，死亡近2000人，总体上死亡人数呈逐年减少的趋势，直接经济损失总额近4万亿元，占GDP的比重虽然在逐年减小，但平均每年仍达3400亿元以上(如图3-2所示)。

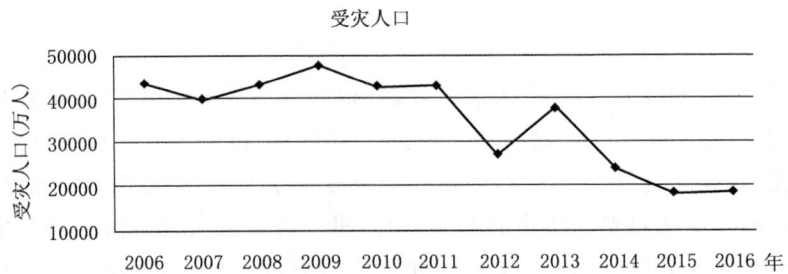

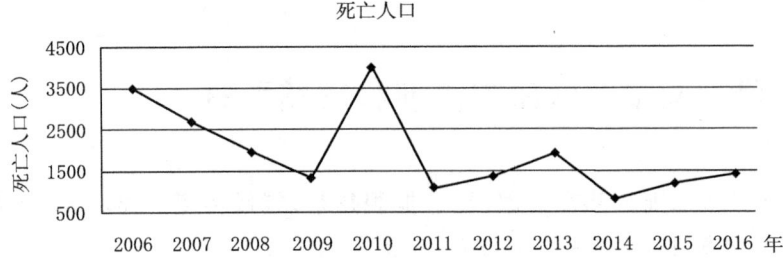

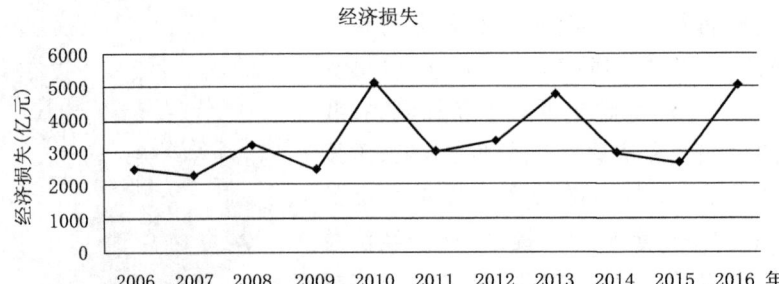

图3-2 我国近10年气象灾害造成的受灾人口(上)、死亡人口(中)和经济损失(下)变化

3.2 我国气象防灾减灾科普教育的现状

从上面数据的宏观分析中,我们不难看到我国的防灾减灾工作任重而道远。目前,随着人们生活水平的提高、国家对人民生命安全的进一步重视,在国家层面上已经做了相当多的工作来增强和促进气象防灾减灾观念的形成和提升,比如为了加强气象灾害的防御,避免、减轻气象灾害造成的损失,保障人民生命财产安全,根据《中华人民共和国气象法》,制定了《气象灾害防御条例》。条例中明确规定了政府职能部门在气象灾害防御工作中的职责分工,明确要求"地方各级人民政府、有关部门应当采取多种形式,向社会宣传普及气象灾害防御知识,提高公众的防灾减灾意识和能力"。[2] 同时条例规定"学校应当把气象灾害防御知识纳入有关课程和课外教育内容,培养和提高学生的气象灾害防范意识和自救互救能力。教育、气象等部门应当对学校开展的气象灾害防御教育进行指导和监督"。[2] 可以说在国家层面上,政府已经意识到气象防灾减灾科普教育的重要性,并积极采取了必要的措施,但在现阶段,客观来讲,我国的气象防灾减灾教育的整体工作水平仍然较低,基本上还没有形成规模,缺乏统一的气象防灾减灾科普教育顶层设计和强有力的具体实施办法,仍然存在人民群众对气象防灾减灾知识日益增长的需求和优质气象防灾减灾科普教育资源缺乏之间的矛盾。在日常的工作和生活中学习气象知识,认识和了解气象灾害,提高公众气象防灾减灾能力,对于在突发气象灾害来临时在最短时间做出正确的判断,为逃生和减轻国家、个人财产损失争取宝贵时间具有非常重大的积极意义。

气象部门有一个案例,能充分说明气象防灾减灾科普教育的重要性。2007年5月23日,重庆市开县义和镇兴业村小学发生雷击事件,造成7名小学生死亡、44名小学生受伤。除了缺少避雷装置导致学校教室易受雷击外,教师和学生缺少必要的防雷避险知识和正确应对雷击的技能也是造成此次伤亡事件的重要原因。在此次事件之后,中国气象局组织专家迅速编制了《防雷避险手册》及《防雷避险常识》挂图,并积极向社会公众,尤其是中小学校分发和赠送,在一定程度上有效地避免了同类事件的再次发生,也正因为该项工作的重大社会意义,《防雷避险手册》及《防雷避险常识》挂图获得2011年国家科技进步奖二等奖。

上面给出的案例中,气象部门有效地避免了后续同类事件的发生,获得了社会和国家的认可,但如果从更高的层次或是另一个角度来看的话,这也是一个"亡羊补牢"的例子,有些事情明明知道可能会带来巨大的危害,但在没有发生的时候,总是抱有侥幸心理。试想如果当地的学校能够坚持进行防雷方面的防灾减灾教育,做好防雷避险逃生训练,那么惨剧就可能不会上演。总的来说,防灾、减灾和救灾,应该以预防为主,把危险拒之门外才是最好、最安全的防御手段。同样,最好的科普教育也应该是未雨绸缪,防患于未然。

3.3 气象防灾减灾科普教育未来发展的对策、方向和发展建议

1. 政策上重视,从顶层制定气象防灾减灾科普教育规划和实施办法

从国家层面制定统一的气象防灾减灾科普教育规划,明确气象防灾减灾科普教育的总体方案、任务和目标,并纳入相关部门的目标考核来保证和监督规划的落实和连续。针对不同的人群制定更加详细和具有操作性的实施办法,比如针对领导干部,气象部门联合中央、地方党校和行政学院将气象防灾减灾课程列入领导干部的学习计划并协助制定具体的教学大纲;针对中小学生,气象部门联合教育部门制定有针对性的课程标准;针对普通群众,气象部门联合民政部门制定相应的实施办法。

2. 做好领导干部的防灾减灾科普教育是进一步做好气象防灾减灾科普教育的关键一环

科普工作总体上来说仍然处于"说起来重要,做起来次要,忙起来不要"的地位,因此,抓住领导干部这个"关键少数",做好领导干部的防灾减灾科普教育,让他们充分理解气象防灾减灾对国家安全和人民群众生命财产安全的重要性,对于进一步制定相应的政策、法规和措施来保障气象防灾减灾科普教育是非常重要的。同时,领导干部带头重视气象防灾减灾科普教育能对下面的人起到带头和表率作用,有利于把气象防灾减灾科普教育工作落到实处。

3. 做好青少年气象防灾减灾科普教育关系气象防灾减灾科普教育的未来和可持续发展

相对于成年人,中小学生在灾害面前显得更加脆弱,因此,做好有针对性的气象防灾减灾科普教育就显得更加重要和必要。为此,提出如下建议:

(1)加强顶层设计,在全国范围内落实气象防灾减灾科普进校园工作。无

论对于成人还是青少年,气象防灾避险知识都是一项不可缺少的、重要的生存能力和技能,每个人都应该掌握一些身边经常发生的气象灾害的防灾避险和自救互救的知识和技能,而从中小学阶段开始学习和培养,能够获得事半功倍的效果。

(2)以寓教于乐、灵活有趣的方式开展气象防灾减灾科普教育。目前中小学生的学习负担很重,如果气象防灾减灾科普教育仍然仅采用传统的教学方式来开展,很难产生好的效果,应加入趣味化、体验式、互动式的多种手段,如科普剧、高科技体验(如VR、AR、MR)等方式,让孩子在玩的过程中学习知识、提高能力,同时,如果在开展气象防灾减灾科普教育的过程中能够与学生的必修课的学习内容结合起来,那么会取得更好的结果。

(3)以提高中小学生气象防灾避险能力为最终目标,避免"纸上谈兵"。做好气象防灾减灾科普教育的目的是让孩子们在灾害真正来临时,能够利用学习到的知识和技能更好的保护自己,拯救他人,因此,实用性和能力提升是最重要的。

(4)强化气象防灾减灾科普教育进校园的重要基础和保障,提升学校的重视程度。开展气象防灾减灾科普教育进校园的场所是在学校,学校的态度非常重要,要把气象防灾减灾知识作为重要的课程让学生来学习,要安排长期、稳定的课程和固定教师,让学生和教师都感觉到气象防灾减灾科普教育的重要性。

4. 做好普通公众的气象防灾减灾科普教育是提高全民气象防灾减灾能力的基础

相对于中小学生,普通公众的气象防灾减灾科普教育工作难度更大,最重要的原因包括:一是普通公众流动性大,很难找到对普通公众进行科普教育的固定场所;二是现代社会工作和生活压力大、节奏快,尤其是在大城市,公众很难有更多的时间来接受气象防灾减灾科普教育。但这项工作必须做,而且也不是完全不能做的。针对这一问题,提出如下建议:

(1)应该从改变公众的思维和想法做起。目前大部分群众的防灾避险意识淡薄,认为参加防灾减灾科普教育没什么用。如果不改变这种思维定式和不正确的想法,那么进行防灾减灾科普教育就无从谈起,这项工作气象部门可以和民政部门、地震部门等多个部门联合开展。

(2)必须采取多种方式方法来普及防灾减灾的重要性。让公众从内心认识到了解防灾减灾知识和掌握避险自救技能的重要性。现在是一个新媒体、全媒体、融媒体爆炸的年代,各种不同的传播方式和解读形式丰富多彩,应多采用一些生动有趣、公众接受度高的方式方法来普及和传播气象防灾减灾知识,让公众在碎片化的时间里、在娱乐中潜移默化地学习和掌握,让气象防灾减灾知识和技能以一种轻松的方式进入人们的生活和工作中。

(3)多开展一些气象科普活动进社区、进农村和进工地的活动,紧紧围绕受众的急迫需求组织和策划内容。以科普活动为载体,开展气象科普讲座、播放气象科普片、发放气象防灾减灾手册、表演气象科普剧、组织气象科学仪器展示等,为公众创造更多的机会来接触和了解气象防灾减灾知识。

总之,教育本身就是一个长期坚持才能体现效果的工作,只有通过各种政策、法规、制度等监督考核机制以及一定的激励机制,才能持续激发和调动公众对气象防灾减灾科普教育的热情和积极性,才能使气象防灾减灾知识和技能在公众心里生根发芽,才能使之成为公众的潜意识行为,从而提高其个人综合素质,最终提高全民科学素养。

参考文献

[1]郑国光,刘波.天气与变化的气候[M].北京:气象出版社,2016.
[2]国务院法制办,中国气象局.气象灾害防御条例[M].北京:气象出版社,2011.

第 4 章

科学可视化在气象科普中的应用初探

气象是研究大气的科学,众所周知,大气是虚无缥缈的、看不见摸不着的,与其他大部分学科的研究对象相比,更加抽象。大气在自身发生很多复杂的变化的同时,还与五大圈层中的另外四个圈层(海洋圈、岩石圈、冰雪圈和生物圈)通过一系列更加复杂的物理、化学、生态等变化相互联系、相互影响,这些错综复杂的变化在绝大多数情况下,仅仅通过文字描述是很难解释清楚的。近些年来,随着现代科学技术的发展,气象卫星、天气雷达、数值模式、计算机图像学、虚拟现实(增强现实)等技术手段的不断提升,促使台风、龙卷风、大范围的干旱和洪涝、水循环等的观测和预报预警成为现实,而且随着我国社会经济的持续快速发展,公民科学素质的进一步提高,公众对气象的关注,已经远远超出了新闻联播之后的天气预报的范围,并向更深、更广、更专业的方向发展。从地形雨、冷暖锋到厄尔尼诺、下击暴流,从简单到复杂,在公众求知欲的需求推动下,气象科普工作也必须在供给侧上下功夫。气象科学知识的普及必须要借助更加强有力的手段和形式,把复杂的内容简单化,把平面的内容立体化,把抽象的内容具象化。

4.1　科学可视化的发展概况

　　研究表明:视觉是人类获取信息的主要通道,80%以上的感知信息和至少50%大脑皮层接受的信息是与视觉有关的。[1]科学可视化是计算机图像学中的一个跨学科研究领域,广泛应用于科学研究领域,同时也在科学教育和科学普及领域有着较多的应用,包括属于传统方向上的科学数据可视化、科学计算可视化、科学信息可视化以及属于新兴方向上的知识可视化、科学概念可视化等。

科学技术的蓬勃发展、科学传播氛围的日益热烈以及科学普及手段的丰富多彩,让人们有更多的机会和需求去了解最前沿、最热点、最抽象的科学信息和知识,而随着传播技术、人们阅读和学习习惯的改变,各种前沿科研成果以及与人们生活密切相关的工程成果,如航空航天、量子科学、磁悬浮、FAST天文望远镜等正在不断地转化为视觉内容,并通过新媒体手段推送出来,让人们更加通俗、直观和便捷地去了解本来晦涩难懂的科学。与上面这些内容相比,气象科普更能充分利用科学可视化技术的优势,如某些天气现象持续的时间短或者只在某些特定的时间和地点出现,如佛光、海市蜃楼等;某些天气系统的尺度非常大,长和宽都超过上千千米,如气团、台风等;有些天气现象是非常微观的,如水蒸气形成云滴或是雨滴的过程等。

科普工作其实是一项参与者互相交流的活动,尤其是在现在"互联网+"的时代,科学普及不仅要关注普及的内容,同时也要关注受众的感受和他们的接受程度。科学学奠基人贝尔纳把科学交流分为科学家之间的交流和科学家面向公众的交流。[2]而从受众的角度来说,科学交流面对的主要人群可以分为:科研团队、科学共同体、交叉领域研究者、科学公众和社会大众五类,从人群分类上也能明显看出对于那些关系到国计民生的前沿、尖端科技成果无论是同领域的科研团队、相关领域的科学家还是有科学常识的公众,以及一些普通公众其实都会感兴趣,也就是说,这些科技成果不仅是业内人士关注,社会公众也关注。因此,我们在科研成果、科学结论,尤其是对与人民生活息息相关、尖端前沿国际领先的成果进行传播和普及时,不仅仅可以通过文字、图表,还可以充分利用动画、原理图,甚至 VR(虚拟现实)、AR(增强现实)和 MR(混合现实)等多种方式来实现。

4.2 应用实例分析

国际著名期刊 *Nature* 和 *Science* 在科学可视化方面做了很好的尝试,[3]它们的封面故事(Cover story)努力实现了科学和艺术的结合,主要讲述了刊登在当期杂志上的重要科研成果,而且这些封面图片要求论文作者来提供,以确保内容的科学性和准确性,而为了能够成为一期杂志的封面文章,很多作者都是和专业艺术设计人员一同来策划设计,因为成为封面文章就更容易引起学术界的关注度,加大其研究成果的影响效果。同时,通俗且具有艺术性的表现形式也会吸引非专业人士的兴趣,提高其研究成果的普及效果,让更多的人了解前沿尖端的科研成果。

在气象科普领域,之前也有一些零星、分散的工作涉及到了科学可视化或是图形化,但把它作为一项系统性的工作来进行研究探索、顶层设计、系统开发,并将长期可持续发展下去,无论对气象科研工作者还是气象科普工作者来说都是一项创新性的工作。下面就针对我们已经开展过的工作举几个案例。

4.2.1 信息图

信息图是在气象科普读物中经常用到的插图形式。信息图是一个合成词,也被称为信息图形(Infographics 或 Information Graphics)。针对内容复杂、难以用语言表述的信息,通过对信息的理解和梳理再使其视觉化,使用图形简单清晰地向读者呈现出来,这种图就叫做信息图。

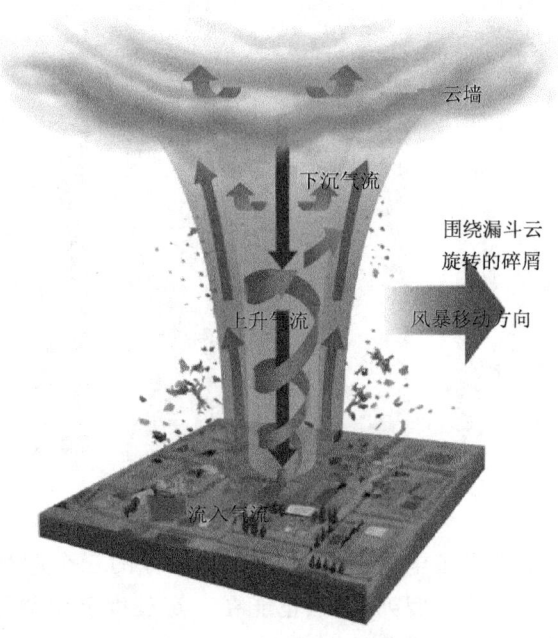

图 4.1 龙卷风内部结构的信息图

图 4.1 是一张用于表现龙卷风内部结构的信息图,该图通过较为写实的绘画手法和具有空间感的箭头清晰地展示了龙卷风内部的结构以及气流的方向。可以看出,如果仅用文字表述这类信息就会显得十分吃力且很难达到如此直观的效果。使用信息图的另一好处是,在现今各类媒介带来的信息海洋中,图形的艺术表现力可以引起读者对内容的注意。

4.2.2 动态图像

动态图像是基于网络的媒介形式,常用于微信、微博、网页等网络平台,常见的图像格式为 GIF(Graphic Interchange Format),动态图像的优势在于能在一张图片中连续展示多张图像,达到动画效果,且不需要借助播放器或播放插件直接在网络上展示,十分适用于新媒体平台的气象科普。

运用于气象科普的动态图像可分为两类:一类是实景动图,即将实景影像转为 GIF 格式,多用于展示一些罕见的天气实景;另一类动图是建立在信息图的基础上,通过人为的图形和动画设计给信息图增加了时间的维度,达到更加生动、立体地展示气象原理知识的目的。

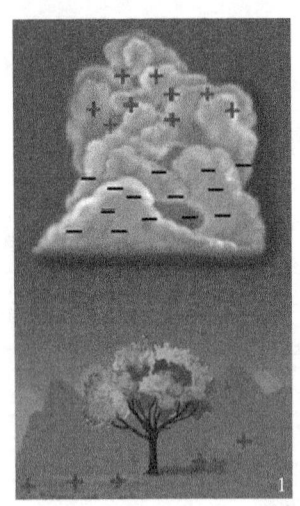
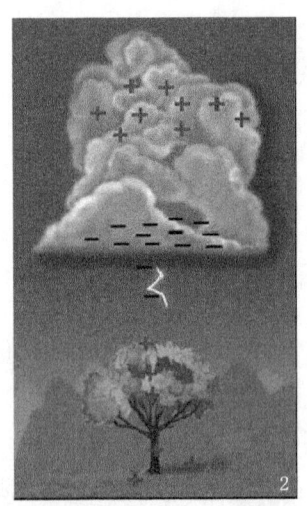
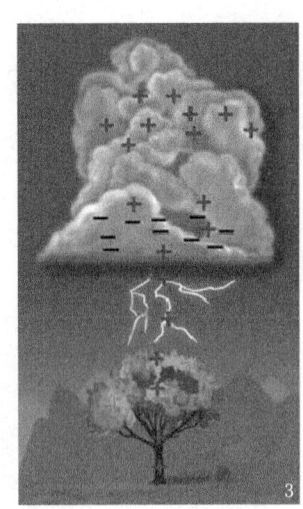

图 4.2 雷电放电过程动态图像展示

图 4.2 是一组展现雷电放电过程的动态图像的三个序列帧,可以发现如果仅仅是三张静态图片的罗列,虽然也能在一定程度上说清楚问题,但从直观性和生动性上远没有动态图像来得直接,且会降低版面的利用率。该 GIF 动图在新浪微博发布后,受到很多粉丝的好评,阅读量超过 50 万人次。

4.2.3　AR 增强现实

增强现实技术（Augmented Reality,简称 AR），是一种将真实世界信息和虚拟世界信息"无缝"集成的新技术，是把原本在现实世界的一定时间、空间范围内很难体验到的实体信息通过计算机图形技术模拟仿真后，再叠加到真实世界的影像中，从而达到超越现实的感官体验，此外，使用者还可以通过装有 AR 软件的智能终端与虚拟图像实现互动。

在气象科普领域，AR 技术的运用为读者带来了新奇的感官体验，也因此引来了更多的科普受众。同时，其具有交互功能的高仿真 3D 动画，也为公众阅读科普内容提供了更加立体的观看视角和更具趣味性的交互体验。

图 4.3　"玩转气象—AR 互动气象装备"的 AR 气象科普产品

图 4.3 是一款名叫"玩转气象—AR 互动气象装备"的 AR 气象科普产品，该产品以 APP 的形式安装在手机里，用户可以通过使用手机摄像头扫描特制的卡片，从而实现各种气象装备模型叠加在现实影像中的功能。此外，该产品还具有有趣的交互功能，用户可以通过拖拽屏幕上的装备部件实现气象装备的组装，通过滑动手机屏幕调整装备模型的呈现角度等。可以看出，AR 技术带来的全新用户体验为科普产品的设计和开发提供了很多的可能性。

4.3 存在的困难和未来发展建议

对于目前传统的科研团队来讲,设计制作科学可视化产品还是一项比较难完成的任务,而造成这种状况的原因可以分为主观和客观两个层面:主观上的原因就是思想上并未真正重视,认为只要我的研究成果专业人士认可就行了,其他人知不知道、理不理解并不重要,对科学普及与科技创新同等重要这一点的理解不够深刻;客观上的原因相对复杂一点,如团队中缺乏专业的设计人员,科研经费中没有将这一项列入预算等。[4]

要想实现习近平总书记在2016年"科技三会"上所提到的"科学普及与科技创新同等重要"的重要指示要求,做好科学研究成果,尤其是前沿、尖端科研成果的推广应用和科学普及工作非常重要。只有这样,科技创新和科学普及才能紧密结合、互相促进、协同发展,真正实现"一体两翼",而且是协调平衡的两翼。科学可视化在气象科普中的应用为未来气象科学家和气象科普专家之间提供了一种新的合作方式。为了在未来能够让两者在这方面合作的更好,我们还要在以下几点上下功夫:

(1)政策上要求科研项目的成果要向公众普及和传播,并对其普及和传播效果进行评估。

(2)鼓励科研工作者与科普工作者联合申请项目,优势互补,让科研工作和科普工作成为一个有机整体。

(3)在科研项目中单独列支科普经费,保证包括科学可视化在内的科普工作顺利进行。

(4)明确科普工作是科研工作者的职责和义务,是其科研工作的必不可少的部分。

参考文献

[1]王国燕,汤书昆.图说前沿科学成果的视觉传播——顶级科学成果的视觉设计案例解读[J].科学与社会,2013,3(3):44-56.

[2]贝尔纳 J D.科学的社会功能[M].南宁:广西师范大学出版社,2003.

[3]王国燕,汤书昆.论科学成果的视觉表达——以 Nature、Science、Cell 为例[J].科学学研究,2013,31(10):1472-1476.

[4]王国燕,汤书昆.传播学视角下的科学可视化研究[J].科普研究,2013,8(6):20-26.

第 5 章

科研院所科普效果评价指标与方法探讨

第 5 章　科研院所科普效果评价指标与方法探讨

在 2016 年召开的"科技三会"上,习近平总书记指出,"科技创新、科学普及是实现创新发展的两翼,要把科学普及放在与科技创新同等重要的位置。""希望广大科技工作者以提高全民科学素质为己任,把普及科学知识、弘扬科学精神、传播科学思想、倡导科学方法作为义不容辞的责任,在全社会推动形成讲科学、爱科学、学科学、用科学的良好氛围,使蕴藏在亿万人民中间的创新智慧充分释放、创新力量充分涌流。"[1]科研院所作为科技工作者的"大本营",在作为我国科技创新主力军的同时也理应成为科学普及的第一线,科研院所科普工作的提升和加强有助于"广大科技工作者把论文写在祖国的大地上,把科技成果应用在实现现代化的伟大事业中"[1]。

经过多年的不断探索和努力,尤其是在一些老科学家的"传帮带"下,我国很多科研院所的科普工作都取得了较大的进步,但这种科普工作的开展主要还是依靠个人的热情和兴趣来推动,并不是来自单位的岗位职责要求,简言之,就是来自民间自发的行为,而非官方组织。近几年,尤其是 2016 年"科技三会"以来,科普工作从国家层面上要求由"软任务"到"硬措施",也就是说要实现"希望大家去做"到"大家必须去做"的转变,如何能够让大家必须去做,最有效的办法就是把科普工作列入科研院所的单位职责,并进行相应的考核和效益评估。目前来说,大部分科普工作缺乏对科普效果的监测、评估,不能及时而准确地了解科普效果,了解科普形式、手段、内容的实际情况,也就无法对科普理念、政策机制进行及时调整,科普功效就难以得到充分的发挥。因此,科研院所科普效果评价对促进科普手段现代化、加强科普管理、提高科普质量有重要作用,科普效果评价既是一种压力,也是一种动力,可有效促进各项科普工作的有序开展。

科普工作是一个复杂的社会工程,科普活动的组织和开展的方式多样,涉及的范围很广,导致了科普评价具有复杂性和高难度性。[2]科研院所作为科学家和工程技术人员最大的集合体,其科普效果评价指标与方法的研究和探索对于其他部门组织开展科普工作效果评价具有非常重要的先导性作用和参考价值。而作为气象部门最大的专业研究团体,对中国气象科学研究院的气象科普工作情况进行分析,并从中提取出适合科研院所的科普效果评价的指标和方法,对于其他科研院所也应该具有重要的借鉴意义。

本章以中国气象科学研究院为例,分析其近五年来气象科普工作的开展情况、取得的成绩和效果及科技人员从事科普工作遇到的困难,在综合考虑理论和客观事实的基础上,初步提出适用于科研院所的科普效果评价指标。

5.1 近五年中国气象科学研究院科普工作开展情况

近五年来,中国气象科学研究院突出创新驱动发展,大力提升科技创新能力,在积极发挥科技引领作用着力推动气象现代化建设的同时,积极开展气象科学普及工作,在"加强防灾减灾体系建设,提高气象、地质、地震灾害防御能力""积极应对全球气候变化""普及科学知识,弘扬科学精神,提高全民科学素养"等方面发挥积极的作用。一是打造气象专家科普队伍,开展科普报告会、宣讲会,在中央电视台、中国气象频道等公众传媒上或大型活动中传播气象科学知识。二是加强气象科普基础设施建设。结合特有的大气化学重点开放实验室和大气成分移动观测车,接待党和国家领导人、部门领导、国内外学者、大中小学生等参观访问,向公众普及大气成分、大气污染物及观测相关科学知识。三是结合主要研究领域和特色研究方向,加强科研资源的科普化,制作各类科普产品,并在世界气象日、防灾减灾日、全国科技周和全国科普日等大型科普活动中广泛应用,宣传气象科研事业进展和成果。四是结合新时期的特点,开通微博、微信等新媒体平台,专人负责维护和更新,与公众共享信息、在线互动。

结合中国气象科学研究院气象科普工作,总结出科研院所科普工作主要有以下特点:

(1)充分利用专家资源,多渠道、多方式向公众传播气象科普知识。

(2)充分利用专业设备资源开展科普活动。

(3)充分利用前沿和尖端科研资源,研发趣味性、通俗性、科学性的高端科普产品。

(4)充分利用气象部门业务和科研相结合的特点,推动科研成果的业务化、专利化和科普化。

5.2 科研院所科普效果评价的目的和原则

5.2.1 科研院所科普效果评价的目的

(1)增强科研工作者科普责任感。通过科普效果评价及时了解科普效果、看到科普成绩,提高科研人员成就感,增强责任感,提高其科普工作的积极性。

(2)加强科研院所科普工作管理,提高科普质量。通过科普效果评价及时了解科普工作策划、组织、实施过程中的问题,有效地对科普工作进行检查评估,改进科普工作,进而提高科普质量,达到预期科普效果。

(3)推动科研资源的科普化。通过科普效果评价工作的引导,可以让更多的科研资源,尤其是与国计民生和广大人民关注的热点问题相关的高端、前沿研究成果在第一时间、在更大的范围内传播,同时对吸引更多的力量来进行科研成果转化,实现"大众创业、万众创新"具有重要意义。

5.2.2 科普效果评价指标体系设计原则

"三效统一、综合评价"的基本理念设计是绩效审计、评估的最新理念[3]。"三效"即"效果、效率、效益","三效统一、综合评价"也就是说科普效果要好,科普效率要高,且科普投入和产出比要合理。根据"三效统一、综合评价"理念,结合中国气象科学研究院近年来的气象科普工作及成效,科普效果评价指标基本要素的选取遵循以下原则:

(1)可获得性。指标数据易于收集,最好以现有的统计数据为基础,评价指标的设计与统计指标有一定的关联性,更具有可操作性。

(2)稳定性。科普效果的显现是一个长期积累的过程,评价指标要素的选取要具有一定的稳定性,能够反映科研院所长期的科普发展情况。

(3)适用性。评价指标体系能够有效反映适用于不同性质、不同学科的科研院所科普效果。

(4)可比性。评价指标体系既能实现同一科研院所科普效果在不同时间尺度上的对比,又能实现不同科研院所科普效果在同一时间上的对比。

5.3 科研院所科普评价指标体系的构建

根据科研院所科普工作特点,结合科研院所科普效果评价的目的和原则,尝试提出了科研院所科普效果评价指标体系(见表5-1)。一级指标分为科普宣讲报道、科研实验室开放、科普产品、科普信息化、获奖情况五类,下设9个二级指标,在二级指标的基础上,又下设20个三级指标。

表5-1 科研院所科普效果评价指标体系

一级指标	权重	二级指标	权重	三级指标	权重
科普宣讲报道 A_1	0.25	科普讲座 B_1	0.50	内容吸引力 C_1	0.35
				形式互动性 C_2	0.40
				受众人数 C_3	0.25
		媒体采访 B_2	0.50	采访人次 C_4	0.40
				播出、见报(刊)量 C_5	0.60
科研实验室开放 A_2	0.25	实验室开放 B_3	1.00	开放次数 C_6	0.45
				参观人次 C_7	0.55
科普产品 A_3	0.15	原创科普产品 B_4	0.60	图书种类 C_8	0.50
				文章数量 C_9	0.50
		集成科普作品 B_5	0.40	图书种类 C_{10}	0.35
				文章数量 C_{11}	0.35
				展品和展项 C_{12}	0.30
科普信息化 A_4	0.20	科普频道 B_6	0.45	更新频度 C_{13}	0.45
				访问量 C_{14}	0.55
		新媒体 B_7	0.55	粉丝(关注)数 C_{15}	0.45
				传播力 C_{16}	0.55
获奖情况 A_5	0.15	部门内获奖 B_8	0.40	获奖等级 C_{17}	0.55
				获奖人次 C_{18}	0.45
		部门外获奖 B_9	0.60	获奖等级 C_{19}	0.55
				获奖人次 C_{20}	0.45

5.4 评价方法的确定

本章采用定量与定性结合分析、德尔菲法等来确定相应的评价方法。

(1)根据指标对评价结果的影响程度,由相关专家结合自身经验和分析判断来确定指标权数,具体办法是通过聘请多位科普领域和气象领域的专家学者,采用现场讨论和发放调查问卷的形式,对各分项指标进行权重设定,结果再次征求专家意见,经过多次反复征求意见、讨论和修正后确定。

(2)科研院所科普效果综合指标就等于上述各指标线性加权求和。评价模型如下:

$$S = \sum_{h=1}^{p} \left[\sum_{j=1}^{m} \left(\sum_{i=1}^{n} C_i W_i \right) \cdot B_j \right] \cdot A_h \qquad (5-1)$$

式中:S 为科研院所科普效果评价总得分;W_i 为第 i 个三级指标的分值;C_i 为第 i 个三级指标在该指标层的权重;B_j 为第 j 个二级指标在该指标层的权重;A_h 为第 h 个一级指标在该指标层的权重;p 为一级指标个数,m 为二级指标个数,n 为三级指标个数。其中,各个指标赋值采用模糊数学记分制的方式,确定气象科普业务各项指标的得分,各个指标的分值经过标准化处理,均在 0~10 分内,根据具体情况合理划分得分区间。

5.5 思考与建议

中国科协原党组副书记齐让从 2008 年开始持续开展的一项调查结果显示,科技人员从事直接研究、间接研究、其他事务各占 1/3,科普工作基本没有在其中体现出来。那到底为什么科研院所或是科技人员不重视科普?其实,这个问题一点都不难回答,第一,科普工作根本没有列入单位和个人的岗位职责,做科普完全靠个人的兴趣和爱好,但在目前工作和生活压力都很大的情况下,有多少人能拥有和保持这样的热情和奉献精神呢?第二,即使列入了单位和个人的目标考核任务,由于目前针对科普的评价没有明确的硬指标,甚至软指标都很少,因此,在检查时也基本上是走走过场,草草了事,很容易就应付过去,试想在这种情况下,有多少人会认认真真地花很多精力去做科普呢?第三,没有或是有很少的专门的经费来支持科普工作。目前经费预算管理严格,从事科普工作的经费从哪里来？难道要科技人员自掏腰包做科普吗？这也许可能成为一种个例，但不能或者说不应该成为一种常态。

本章以中国气象科学研究院为主要研究对象，通过分析其主要气象科普工作特点，结合科普效果评价目的和原则，尝试建立了科研院所气象科普效果评价指标体系。本章提出的评价指标更多程度上是一种探索，还需要进一步改进和完善。通过研究，笔者对科研院所科普效果评价有以下的思考和认识：

1. 将科普工作纳入科研院所目标考评体系并建立科学严谨的评价指标是对其进行科普效果评价的先决条件

科研和教学作为科研院所的主要职责自不用说，社会公益服务也应是其主要职责。科学家和科研人员也需要科普，科研和科普同等重要、密不可分。将科普工作纳入科研院所目标考评体系才能系统地反映及衡量科研院所工作，建立科学严谨的评价指标才能考核其科普工作取得的社会和经济效益，是对其进行科普效果评价的先决条件。

2. 将科普经费列入科研院所业务维持经费或是在科研项目中单独列支科普经费是对其进行科普效果评价的物质基础

科普经费是影响科普事业发展的关键因素。我国科研院所科普经费投入与科研经费相比有很大的不足。科普经费投入并产生效果是一个长期的持续性过程，将科普经费列入科研院所业务维持经费或是在科研项目中单独列支科普经费，加大对科普经费的持续性投入，提升科研工作者参与科普的积极性，保证科普工作的正常持续性开展，是对其进行科普效果评价的物质基础。

3. 将科普成绩作为科技人员职称晋升的一项硬性要求是对科研院所科普效果评价的人才保障

科技工作者处于科技发展的最前沿，是科普工作的重要力量。重视、认可科技人员的科普工作及取得的成绩，把科普成绩作为科技人员晋升的主要依据，建立鼓励科技人员从事科普工作的机制，是对其进行科普效果评价的人才保障。

对于建立科研院所科普效果评价体系的建议如下：

1. 中国科协牵头，联合各部委顶层推动科普工作纳入科研院所和科技人员绩效考核指标体系

科研和科普同等重要，通过科普工作纳入科研院所和科技人员绩效考核指标体系，倡导和推动科技工作者积极参与到科普工作中，在做好科学研究和科学创新的同时，主动自觉地传播科学知识，把科研和科普的关系处理好、协调好，两者可相互促进、相互激发。

2. 继续加强考核指标制定、考核工作实施、考核网络体系建设、考核评价应用等方面的研究

目前针对科研院所科普效果评价指标体系的研究尚处于探索期，没有成熟的理论框架，实践应用较少。随着科研院所科普工作的系统化、多样化发展，针对科研院所科普工作及其效果的评价指标的制定和实施也将不断调整和完善，加强科普效果评价的研究，是非常有意义且十分紧迫的。

3. 加强对科研院所科普效果的监测

通过加强和完善科研院所科普效果的监测，获得稳定、大量、准确的科学数据，科普效果评价指标才具有可操作性，更具有实践意义。

考虑到目前科普工作还在从"软任务"到"硬措施"的过渡中，目前的评价应该以激励和吸引科研院所和科技人员做科普为导向，而不是马上就强制要求科研院所和科技人员必须做科普，"欲速则不达"，这需要一个过程。

参考文献

[1] 习近平. 为建设世界科技强国而奋斗——在全国科技创新大会、两院院士大会、中国科协第九次全国代表大会上的讲话[J]. 科协论坛, 2016(6): 42-48.

[2] 张方义, 武夷山, 张晶. 建立科普评估制度, 促进我国科普事业的健康发展[J]. 科学学与科学技术管理, 2003(6): 7-9.

[3] 李建民, 陈晓华, 郁增荣, 等. 上海科普工作绩效评估指标体系研究报告[R]. 上海科技发展基金软科学研究项目, 2006.

第 6 章

现代化气象科普工作评估指标体系初探

第 6 章　现代化气象科普工作评估指标体系初探

　　党和国家历来高度重视科普工作,一直把科技创新和科学普及当作科技工作的两个重要方面来推进。2002 年颁布了《中华人民共和国科学技术普及法》,2006 年制定了《全民科学素质行动计划纲要(2006—2010—2020 年)》。2016 年,习近平总书记在"科技三会"上明确提出"科技创新、科学普及是实现创新发展的两翼,要把科学普及放在与科技创新同等重要的位置",更是将科普的重要性提到了前所未有的高度。

　　经过多年的不断探索和努力,我国的科普工作已经取得了飞速的进步和不错的成绩,但客观来说,无论在发展理念、表现形式还是在内容策划以及运行机制上距离世界先进水平和公众需求还有相当大的差距,因此,加强对科普工作的评估方法和评估指标研究,进一步明确科普工作中存在的问题、指导下一阶段工作、引领科普事业发展等都具有重要的理论意义和现实意义。

　　对于气象科普工作,尤其是正在业务化进程中的气象科普工作来说,开展相关工作评估指标研究和体系建设,对于有效引导和激励整个气象部门创新科普理念,指导和推进气象科普业务化、常态化、品牌化和社会化发展,建立科学规范的气象科普工作流程和体系都将具有不可替代的作用。总之,对气象科普工作进行客观、公正和全面的评价,是我国气象科普工作实施科学管理和能力建设的基础和先决条件。

6.1　国内外研究现状

　　国外开展科普效果评估及其相关研究的时间相对较早。1953 年,科普评估在美国已经作为一项专门的工作开展起来。1972年,美国成立的国会技术评估办公室标志着美国科技评估的规范化和成熟化,并以其完善的评估机制、丰富的评估形式和内容影响了很多国家和其他领域,为后来的科普评估奠定了理论基础,提供了方法上的借鉴。20世纪80年代前后,欧美各国普遍开始开展科普效果评估,当时国际上主办了许多国际性的科普学术研讨会,开展了大量的科普效果评估活动。国外对科普活动效果评估研究相对比较深入和成熟,多以个案研究为主,大型活动如德国的爱因斯坦年评估、英国曼彻斯特科学与工业博物馆巡展评估,小型活动如对荷兰一个科学聚会活动的评估等。当然,也有对科普活动监测评估的一般性探讨,如探讨科普活动评估的目的以及国外科普活动评估的一些做法,但这些讨论都比较注重实际操作。另外,国外科普活动效果评估机制推崇第三方评估,自评估也有采用,评估手段以网络调查、问卷调查、访谈及观察法等为主,效果评估的主要指标包括活动的社会影响,活动对公众引起的态度、行为层面变化等。[1]

我国科普评估工作起步较晚,理论界和实际工作者对科普评估问题的探讨尚不深入,有关科普评估的系统化理论研究尤为少见。中国科普研究所是最早开展科普评估研究的机构,该所于2000年开始酝酿、设计和申请科普评估方面的课题,2002年正式立项并开展研究,2003年形成了初步的研究成果《科普效果评估理论和方法》。随后,有学者运用此评估理论,设计并构建了科普效果评估指标体系,并对全国的科普效果分省、分区域进行了试评估。2005年以后,随着科普评估理论研究的深入,实践也不断深入,陆续出现了一些科普评估的著作,如《科普效果评估研究案例》《科普效果评估的理论和方法》《科普项目管理与评估》等,科普评估在各个方面尤其是科普活动、展教、资源开发等方面得到广泛应用。如俞学慧从科普项目经费分配和利用的角度提出了一套科普项目支出绩效评价体系;[2]郑念等对科技馆常设展览的功能和效果表现、评估的维度和类型、评估指标体系的构成等进行了理论上的探讨,并设计了科技馆常设展览效果评估的指标体系;[3]胡萌等借鉴国内外科普效果评价指标体系及评价方法的研究,结合江西省科普实际情况,构建包括科普投入、科普社会环境、科普活动效果和科普综合产出效果等四个模块在内的科普效果评价指标体系。[4]

而关于气象科普工作评估的研究更是少之又少。笔者翻阅大量文献,仅找到陈翀等人进行的初步分析和研究。陈翀等对我国气象科普评估指标的现状进行了梳理,并从发展规划、科普成果、组织能力等方面尝试提出了我国气象科普评估指标体系。[5]但该指标体系主要用于气象科普的宏观评估,在具体运用时还需进一步设计和完善。

综上所述,目前我国还没有明确提出比较合理的气象科普工作评估指标,现有气象科普评估指标的设计比较粗糙并宽泛,并没有形成制度化、系统化和标准化的评估指标体系。所以本研究可以说是一次创新性的尝试和探索。

6.2 气象科普工作评估指标体系的构建

6.2.1 构建原则

气象科普工作评估指标体系是按照一定标准,采用科学的方法,检查和评定其投入产出的效率和效果,以确定气象科普工作成绩的管理方法。构建气象科普工作评估指标体系应当遵循以下原则:

(1)全面性和独立性原则,即在保证指标全面的基础上,尽量不相互包含也不相互叠加。

(2)客观性原则,尽量避免主观评价,以定量为主,定性为辅。

(3)易获取原则,指标数据尽量容易收集。

(4)精分性原则,即将各指标进行细分,达到较高的清晰度。

(5)核心性原则,即指标紧紧围绕气象科普工作设定,充分体现气象科普工作特色。

6.2.2 指标选取方法与过程

本章对评估指标的选取方法主要有资料分析法、专家访谈法、工作分析法等。

(1)资料分析法。在大量阅读国内外相关文献的基础上,结合气象科普工作的实际情况,以此提炼出符合本章选题所需的评估指标。

(2)专家访谈法。选取气象科普行业管理层专家、基层应用者、科普理论专家等具有丰富实践经验的专业人员,采取头脑风暴、专题访谈等形式对指标进行讨论筛选。

(3)工作分析法。对气象科普工作的具体职责、工作内容、职业环境以及完成工作任务所需具备的相关条件进行分析,以掌握气象科普的工作性质、特点、规律以及存在的问题,以提炼对气象科普工作具有重要意义和价值的指标。

在实际分析中,本章指标选取的依据主要是当前的气象科普工作现状,尤其是存在的主要问题。因此,我们只选取其中对工作影响较大的代表性指标进行评估。此外,根据拉斯韦尔的传播5W模式,传播的过程分为"谁(Who),通过什么渠道(In Which Channel),说什么(Say What),对谁(To Whom),获得了什么效果(With What Effect)"。这个公式细分了传播的过程,对研究有重要意义。[6]笔者使用传播学公式将指标分为三个部分:谁;通过什么渠道、说什么;对谁、获得了什么效果。鉴于此,我们主要选取了组织机构指标、工作内容指标和科普效果指标,每一指标都有各自的侧重点。组织机构指标侧重点在科普机构的自身能力,工作内容指标侧重点在气象科普工作使用的内容和渠道,科普效果指标侧重点在气象科普工作取得的效益(见表6-1)。

表6-1 指标分类及对应传播过程

指标分类	对应传播过程
组织机构	谁
工作内容	通过什么渠道、说什么
科普效果	对谁、获得了什么效果

6.2.3 指标体系的具体阐释

依据上述的原则与方法,尝试提出了气象科普工作评估指标体系。一级指标分为组织机构、工作内容、科普效果三类,下设12个二级指标,根据精分性原则,在二级指标的基础上,又下设28个三级指标(见表6-2)。

1. 组织机构指标

组织机构是气象科普工作得以顺利开展的核心,直接影响科普工作的效益。结合目前气象部门的现状,将"组织机构"评估指标下设"人员构成""经费投入""制度保障""工作机构"4个二级指标。其中,"人员构成"侧重评估科普人才队伍的规模、结构,经费投入侧重评估经费的投入规模,工作机构侧重评估主体机构的统一性、对科普事业发展的支撑力度,制度保障侧重评估制度建设的完备性和管理的有效性、制度内容的完备性和标准化。在这4个二级指标的基础上,下设"学历情况"等6个三级指标(见表6-2)。

表 6-2　气象科普工作评估指标体系

一级指标	权重	二级指标	权重	三级指标	权重
组织机构 A_1	0.25	人员构成 B_1	0.30	学历情况 C_1	0.40
				在岗情况 C_2	0.60
		经费投入 B_2	0.20	经费规模 C_3	1.00
		制度保障 B_3	0.20	工作规(计)划 C_4	0.50
				业务制度 C_5	0.50
		工作机构 B_4	0.30	业务机构 C_6	1.00
工作内容 A_2	0.45	科普信息化 B_5	0.35	内容建设 C_7	0.70
				传播渠道 C_8	0.30
		科技教育 B_6	0.30	师资力量 C_9	0.60
				教辅材料 C_{10}	0.40
		科普活动 B_7	0.20	活动次数 C_{11}	0.40
				参与人次 C_{12}	0.60
		科普场地 B_8	0.15	场馆数量 C_{13}	0.30
				开放天数 C_{14}	0.20
				参观人次 C_{15}	0.20
				校园气象站数量 C_{16}	0.30
科普效果 A_3	0.30	媒体报道 B_9	0.15	报道次数 C_{17}	0.40
				媒体级别 C_{18}	0.60
		气象知识普及率 B_{10}	0.50	灾害预警知晓率 C_{19}	0.20
				气候变化知晓率 C_{20}	0.10
				气象信息内容实用性 C_{21}	0.25
				气象科普获取手段 C_{22}	0.15
				气象知识认知度 C_{23}	0.30
		社会化程度 B_{11}	0.20	社会经费 C_{24}	0.45
				合作单位 C_{25}	0.30
				合作项目 C_{26}	0.25
		获奖情况 B_{12}	0.15	部门内获奖 C_{27}	0.40
				部门外获奖 C_{28}	0.60

2. 工作内容指标

气象科普工作内容主要是指气象部门根据国家科普事业发展的需要和自身业务职责的要求,在科学传播与普及方面所承担的具体任务、采取的具体行动以及要完成的具体工作。气象科学传播有四种主要渠道:媒体传播、教育传播、活动传播、设施传播。通过梳理,笔者将"工作内容"下设 4 个二级指标,分别是"科普信息化""科技教育""科普活动""科普场地",分别从媒体传播、教育传播、活动传播、设施传播四个方面考察一个组织的科普工作内容的整体水平。其中,"科普信息化"指标考察气象科学传播的内容以及渠道建设情况,"科技教育"指标考察气象科学教育的能力和水平,"科普活动"指标考察气象科学知识普及活动的规模和受众情况,"科普场地"指标考察气象科学传播基础设施建设情况。在这 4 个二级指标的基础上,下设"内容建设"等 10 个三级指标,关于各级指标的权重,主要通过聘请多位科普领域和气象领域的专家学者,对各分项指标进行权重设定,并经过多次讨论和修正后确定(见表 6-2)。

3. 科普效果指标

科普工作可以被视为一个科技传播过程。这个过程以提高全民科学素质为目的,那么科普成效就应该以在科普过程中科普对象在接到科技信息后,经过选择、吸收、消化直到在思维、态度和行为等方面有了明显的变化发生为准。但是,科普效果又有其特殊性。既有明显的效果,又有潜在的效果。也就是说,科普对象在接受科技信息后,也许会明显地改变其思维、态度和行为,即产生明显的效果;也许科普的作用会潜藏在科普对象脑海中,经过不断积累、深化和发展,潜移默化地改变科普对象的思维、态度和行为,即产生潜在的效果。科普效果还有即时性效果和延时性效果之分。科普效果的特殊性决定了在评估科普效果时,应选取多元指标来评价科技信息传播的到达率、被接受程度、改变科普对象的程度。据此,将"科普效果"指标下设"媒体报道""气象知识普及率""社会化程度"与"获奖情况"4 个二级指标,分别从科普对象受益程度、科普工作影响力、科普工作认可度和科普工作美誉度 4 个方面考察一个组织的科普工作的整体成效。其中,"媒体报道"指标考察科技信息传播的到达率,"气象知识普及率"指标考察科技信息传播的被接受程度,"社会化程度"与"获奖情况"指标考察科技信息传播改变科普对象的程度。在这 4 个二级指标的基础上,下设 12 个三级指标(见表 6-2)。

6.3 评估方法的确定

本章首先根据指标的具体内容来确定该指标是"定量"还是"定性"的属性,然后根据德尔菲法来确定各个评估指标的权重(权重值详见表6-2)。评估模型采用多目标线性加权函数法[7],通过建模分析,对气象科普工作进行层层评价,评价的结果取值范围为0~10,隶属一定的分值区间。气象科普工作评估模型如下:

$$S=\sum_{h=1}^{p}\left[\sum_{j=1}^{m}\left(\sum_{i=1}^{n}C_iW_i\right)\cdot B_j\right]\cdot A_h \quad (6\text{-}1)$$

式中:S 为气象科普工作评估总得分;W_i 为第 i 个三级指标的分值;C_i 为第 i 个三级指标在该指标层的权重;B_j 为第 j 个二级指标在该指标层的权重;A_h 为第 h 个一级指标在该指标层的权重;p 为一级指标个数,本模型取 3 个;m 为二级指标个数,本模型取 12 个;n 为三级指标个数,本模型取 28 个。

6.4 结语

本章以气象科普工作为主要对象,尝试构建了气象科普工作评估指标体系。由于相关参考和可供借鉴的内容较少,所以本章提出的评估指标更多程度上是一种探索,这也就难免会有不足和缺憾。如各个指标权重的合理性、评估方法的选取等,还需要进一步改进和完善。

当前,气象科普工作已经成为气象事业科学发展和实现气象现代化的必然要求。开展气象科普工作评估,有助于进一步提高气象科普服务的针对性和有效性,促进气象科普事业的持续快速发展,所以应充分认识其重要性,积极营造良好社会环境,促进气象科普评估研究快速发展。

参考文献

[1] 郑念,任福君. 科普监测评估理论与实务[M]. 北京:中国科学技术出版社,2013.
[2] 俞学慧. 科普项目支出绩效评价体系研究[J]. 科技通报,2012,28(5):210-218.
[3] 郑念,廖红. 科技馆常设展览科普效果评估初探[J]. 科普研究,2007(1):43-46.
[4] 胡萌,朱安红. 江西省科普效果指标体系及综合评价研究[C]//江西省科学学与科技管理研究会 2012 年年会暨学术交流会,2013.

[5]陈翀,马孝文,李忠明.论我国气象科普评估指标体系构建[J].农村经济与科技,2015(2):193-194.

[6]刘海龙.大众传播理论:范式与流派[M].北京:中国人民大学出版社,2008.

[7]刘晓静,梁留科.地质公园景区科普旅游评价指标体系构建及实证——以河南云台山世界地质公园为例[J].经济地理,2016,36(7):182-189.

第 7 章

气象科普在公共气象服务中的重要作用——先导性、桥梁纽带和补充性作用

第7章 气象科普在公共气象服务中的重要作用——先导性、桥梁纽带和补充性作用

随着社会经济的蓬勃发展,人民生活水平的不断提高,科技水平的持续快速进步,气象与国计民生的关系越来越紧密,气象服务对社会发展、经济建设和人民日常生活的影响越来越大、越来越明显,党中央、国务院、各级地方领导干部以及广大公众对气象服务的关注度也越来越高。毫不夸张地说,从古到今,气象工作从来没有像现在这样受到各级党政领导的高度重视,从来没有像今天这样受到社会各界的高度关注,更从来没有像今天这样受到广大人民群众的高度关心。随着全社会气象意识、气象观念的不断提升和加强,在天气预报等基本资讯类服务受到人们重视的同时,气象服务也从辅助性的、被动的气象信息服务快速转变为主动性的、可以直接产生经济效益的社会生产力,并在国民经济建设、防灾减灾和应对气候变化、保护人民生命财产安全、社会进步发展等诸多方面发挥了越来越重要的作用。[1]随着气象服务需要涉及的内容越来越多、需要服务的对象越来越多样化、需要说清楚的科学原理越来越复杂,气象科普工作作为公共气象服务的重要组成部分,必然需要担负起其应该承担的历史责任和时代赋予的新的使命。

7.1 气象科普在公共气象服务中的先导性作用

气象学是自然科学的重要组成部分,是研究天气、气候及其变化规律,并对其进行预报预测的一门科学。气象学涉及大气圈、岩石圈、冰雪圈、生物圈和水圈五大圈层,涵盖的专业包括数学、物理、化学、计算机、生态等多门学科,是一门抽象、复杂的科学。而目前的公共气象服务划分得非常精

细,几乎包括了气象行业和气象业务的各个部分,如天气预报、气候预测、为农服务、灾害风险评估、气候可行性论证、风能太阳能资源利用、防灾减灾、人工影响天气、防雷检测等。这些工作中都蕴含着复杂的气象科学原理和科技内含,实现起来都存在很多的技术难度,并且也存在一定的风险和不确定性,因此在开展这些服务的最初阶段,如何能让包括党政领导干部、企事业负责人、种粮大户以及普通公众在内的服务对象对这些服务的重要性、科技性以及取得的效果和存在的困难有比较直观、深刻的理解,对今后更好地开展这些工作有非常重要的意义。在这个过程中,气象科普可以发挥先导性和先行性作用。

比如对于气象防灾减灾工作,气象部门由于不是政府组成部门,单靠自身去推动的话,效果很不理想,因此,开展这项工作必须争取地方党委和政府的支持。这是因为:第一,防灾减灾是政府的职责和任务,气象部门是在协助政府工作;第二,气象灾害直接或间接造成的损失占所有自然灾害损失的 70% 以上;第三,防灾减灾,以防为主,气象预警信息在防灾减灾中能发挥巨大的作用,政府的小投入能够换来大回报。气象科普使决策者对不同的气象灾害、可能影响灾情的气象因素,以及相应的气象预警所应采取的应对措施有更清晰、更全面的理解,为决策提供参考,在气象防灾减灾工作中发挥先导性作用。

再举一个大家都熟悉的天气预报的例子,自 1956 年 6 月 1 日,中央气象台第一次通过北京人民广播电台和《人民日报》等新闻媒体向公众提供天气预报已经过去了 60 多年,但目前公众对天气预报的认知还是非常少的,这也导致了气象部门在为大的、特别引人关注的天气气候事件服务时面临巨大的压力。天气预报到底是怎么回事?天气预报为什么不可能做到百分之百准确?是否所有的灾害都能预报出来等多个方面都需要气象科普,气象科普可以让公众能够以更客观的态度去认识气象、理解气象和更好地利用气象,同时也能让气象行业的从业者能够在一个更宽松、更优越的环境下开展工作。气象科普在公共气象服务中发挥先导性作用的例子还很多,在这里就不一一赘述。总之,发挥气象科普在公共气象服务中的先导性作用,无论对于气象行业的服务对象还是气象行业本身的从业人员都具有非常重要的意义。

7.2 气象科普在公共气象服务中的纽带和桥梁作用

2016 年 5 月 30 日,中共中央总书记、国家主席、中央军委主席习近平在

"科技三会"上的讲话中提出:"科技创新、科学普及是实现创新发展的两翼,要把科学普及放在与科技创新同等重要的位置。没有全民科普素质普遍提高,就难以建立起宏大的高素质创新大军,难以实现科技成果快速转化。"[2]中国气象局原局长郑国光在2016年全国气象科技创新大会上也明确要求要把推广气象科技作为气象科普的重点工作来完成。科普工作对于科技成果的传播具有非凡的意义大家基本都能理解,但对在科技成果转化和推广过程中的意义理解得还不是特别深,在这里,我们就以气象科普为例,说明其在公共气象服务中如何发挥桥梁和纽带作用。

气象部门是一个集科研、业务和服务于一体的综合性部门,但在实际的工作中,科研、业务和服务之间的联系不如想象的那么顺畅,甚至是彼此孤立的,还存在科研和业务"两张皮"、业务和服务脱节的现象。造成这一现象的原因有很多种,其中三者之间信息的共享和传递是一个非常重要的因素。当一项科研成果被研究出来以后,对于大多数的研究人员来说,发表了论文,项目结了题,任务就完成了。但这些专业的内容有多少人有机会看到,即便有机会看到又有多少人能看懂?如果把这些专业的内容通过科普的方式转化为让更多的人能够理解的内容,那么它被转化为业务或被业务工作所利用的概率就会更高,能够应用于服务的概率也会越大,正如习近平总书记所要求的"把论文写到祖国的大地上"。因此,发挥气象科普在气象业务和公共气象服务中的桥梁和纽带作用是气象科普能够融入主流气象业务服务体系的必由之路和必然选择,是气象科普未来能够形成核心竞争力,并由单纯的公益属性向兼具公益和商业属性的必由之路和必然选择,是提高气象科普工作者在气象科研工作者心中地位和话语权的必由之路和必然选择。

7.3 气象科普在公共气象服务中的补充作用

气象科普除了要在公共气象服务中发挥先导性作用,在推动气象科技成果转化过程中发挥桥梁和纽带作用以外,气象科普在公共气象服务中还可以发挥补充性作用,在这里我们把它理解为应急科普的概念,就是当事情已经发生了,我们在最热的时间点要做气象科普,这个效果在当前表现出来是最好的。比如2016年江苏盐城阜宁龙卷风发生后2个小时内,笔者所在的团队完成题为《龙卷风能被预报出来吗?》的科普文章,其在科普中国网站的点击量在一周内达到近1500万人次,在图文类作品中排名第一。从更深的层次上来说,应急科普虽然能够发挥一定的作用,但实际产生的效果却值得我们进一步去思考。比如我们在收获了点击量的同时是否挽救了更多的生命?为什么等事情发生了我们才做这样的科普?因此,气象科普在公共气象服务中发挥补充性作用是在已经发挥了先导性作用和桥梁纽带作用之后的应急补救措施。

总之,科普并不是简单的科学知识或是科研成果的形式转变,而且一种态度、一种精神、一种理念,要把它融入到其他工作的方方面面,成为其他工作的有机组成部分。气象科普也是一样,要真正成为气象业务体系中的一个重要组成部分,成为公共气象服务中一个不可或缺的环节,应该不断强化气象科普自身能力,加强专职气象科普人才的培养,提高气象工作者的科普业务能力和科普思维,这些都是能够发挥气象科普在公共气象服务中先导性作用、桥梁纽带作用和补充性作用的坚实基础和先决条件。

参考文献

[1]许小峰,等.气象服务效益评估理论方法与分析研究[M].北京:气象出版社,2009.

[2]习近平.为建设世界科技强国而奋斗——在全国科技创新大会、两院院士大会、中国科协第九次全国代表大会上的讲话[J].科协论坛,2016(6):42-48.

第 8 章

气象科普在舆论引导和突发公共事件应对方面的重要作用

第 8 章 气象科普在舆论引导和突发公共事件应对方面的重要作用

由于我国所处的特殊的地理位置、特定的地形地貌和气候特征,致使我国气象灾害具有种类多、分布广、频率高、强度大、损失重和突发性强等特点,气象灾害造成的损失自然灾害中所占的比例接近71%,属世界罕见。而随着全球气候变暖的不断加剧、我国经济社会的快速发展、城镇化水平持续提高以及社会经济总量的不断增大,气象灾害所造成的经济损失、人员伤亡和社会影响与过去相比风险更大,同时随着我国全民科学素质的不断提高,人们对很多自然和社会事件背后的科学原理和机制也产生了比过去更加浓厚的兴趣和求知欲。在这种大背景下,气象部门在做好预报、预警和服务工作的基础上,也越来越重视气象科普工作在应对突发天气气候事件中的作用,尤其在突发天气气候事件的应对处置过程中发挥的舆论引导作用,传统的"就事论事,只说结果,不讲原因"的舆论引导方式在当前信息化高度发展,各类新媒体、融媒体蓬勃发展的年代很难取得理想和满意的效果,有时甚至适得其反。而应急科普由于其科学、通俗、互动的特点,对突发天气气候事件的社会舆论引导往往能够表现出其独特的作用和积极的效果。

8.1 应急科普概念及其内涵

要想说清楚应急科普的概念和内涵,首先我们要明确另外一个概念——突发公共事件。在2006年1月国务院颁布的《国家突发公共事件总体应急预案》中,对突发公共事件做了明确定义,即突然发生,造成或者可能造成重大人员伤亡、财产损失、生态环境破坏和严重社会危害,危及公共安全的紧急事件。[1]同时也根据突发公共事件发生的过程、性质和机理把突发公共事件分为四类:第一类是自然灾害,主要包括水旱灾害、气象灾害、地震灾害、地质灾害、海洋灾害、生物灾害和森林草原火灾等;第二类是事故灾难,主要包括工矿商贸等企业的各类安全事故、交通运输事故、公共设施和设备事故,环境污染和生态破坏事件等;第三类是公共卫生事件,主要包括传染病疫情、群体性不明原因疾病、食品安全和职业危害、动物疫情以及严重影响公众健康和生命安全的事件;第四类是社会安全事件,主要包括恐怖袭击事件、经济安全事件和涉外突发事件等。按照其性质、严重程度、可控性和影响范围等因素分成4级,特别重大的是Ⅰ级,重大的是Ⅱ级,较大的是Ⅲ级,一般的是Ⅳ级。[1]

该法规将突发公共事件应对的过程明确界定为预防与应急准备、监测与预警、应急处置与救援、事后恢复重建四个基本阶段。而应急科普基本可以认为属于监测预警和应急处置部分的工作。

目前对于应急科普的概念,在科普领域也有不同的看法和认知。一种是从应急科普发生的时间去定义,即应急科普就是指针对突发性事件,根据公众关注的热点问题所开展的科普。[2]也就是说,这个时候,公众需要什么,科普工作者就要马上提供什么,基本上是以公众的需求为第一导向和优先级来开展科普工作。王渝生等[3]提出应急科普是一种特定状况下开展的科普活动,即应对突发事件采取的应急性的科普,它存在的前提条件是有突发事件的发生(或者可能发生),它是一种非常态的科普活动。与常态下开展的科普具有明显的差异。[3]

另一种是从应急科普目的的角度去定义。应急科普是指通过普及、传播和教育,使公众和青少年了解与应急相关的科学技术知识,掌握相关的科学方法,树立科学思想、崇尚科学精神,并具有一定的应用它们处理实际突发问题、参与公共危机事件决策的能力,实现其在紧张状态下沉着冷静、科学应对的目标。即公众通过提高应急方面的科学素质,来提高应对紧急情况的能力。①

结合目前气象应急科普工作的定位和现状,本章中提到的应急科普,在概念上更接近于王渝生等提出的应急科普概念,指的是在突发事件(具体到气象行业主要指气象灾害)发生或是可能发生情况下,为应对该突发事件而采取的一种临时性、非常态的科普工作。

相对于应急科普而言,常态科普指在日常状况下,为提高公众的气象科学知识水平和防灾避险能力而开展的常规性科普工作。

① 出自中国科协十二五规划应急科普能力建设研究报告.

8.2 应急科普的特点

一是时效性强,时间第一原则。因为是一个突发的事件,具有不可预测性和结果的不可确定性,容易造成社会恐慌。据一项调查结论显示,当公众面临极大自然灾害和突发事件时,往往最信任的是科学。如果公众不能第一时间知道真实的情况,那么一些虚假信息、谣言和小道消息就会趁虚而入,引起公众的恐慌,造成社会不稳定的风险增加。所以必须反应迅速,在第一时间把相应的科技知识传播出去,以满足公众对事件发生过程中遇到的各种各样的问题的快速和急迫求知需求;过了某个时间点后,科普的效果将大打折扣。

二是针对性强,焦点集中原则。突发事件通常都是一个非常特定的事件,这个时候应急科普工作也需要有非常强的针对性。一方面是内容的针对性要强,当前社会已经从之前的信息稀缺时代快速进入信息过载时代,存在信息量过大但有效信息极度匮乏的巨大矛盾,因此,我们提供的应急科普内容必须是科学、权威、有效而且实用的[4];另一方面就是对不同用户的针对性要强,不同年龄、地域和职业背景的公众,如领导干部和公务员、青少年、农民和城镇劳动者,对信息的需求差异非常大,因此,针对不同的公众,必须坚持个性化、定制化和精准化的原则和要求。那么,如何能够精准地捕捉到这类需求?关键是建立起基于大数据和移动互联网技术的信息智能匹配,即通过数据挖掘和分析用户(公众)的需求,把信息和用户(公众)个性化、定制化的信息进行智能匹配,即在重视内容的基础上重视信息智能匹配的服务,并精准地推送给最需要的用户(公众)。总之,应急科普需要有的放矢,精准聚焦,直达核心和关键点。

三是挑战性大,科技引领原则。每一次突发事件都会引出许多新的问题,它不仅是对科普工作的挑战和机遇,同时也是对科技工作的机遇和挑战,因此,当遇到一个新的问题的时候,我们在做科普时,需要去考虑科学的问题,尤其是利用前沿和尖端科技来引领科普。因为在平时,公众对科技知识的关注度一般不是很高,但是在突发性公共事件面前,公众的求知欲会被大幅度激发,科学技术知识和一些最新的研究成果会被公众大量学习、消化和吸收。只有这样,科普和科技才能互相促进,共同发展,实现科技创新和科学普及是创新工作两翼的目标。

8.3 典型案例分析

笔者长期从事气象科普工作,在应急气象科普工作中也进行了一些探索和实践,并取得了一定的成效。下面结合两个具体案例进行分析。

8.3.1 "6·23"江苏盐城龙卷风

2016年6月23日下午,江苏盐城阜宁县遭遇龙卷风袭击,当地受灾严重,并导致多人伤亡。由于该事件突发性强、造成的灾害和损失严重,社会公众普遍关注。事件发生后,公众尤其是网友在对事件造成的灾害关注的同时,也对"龙卷风是怎么形成的""我国哪些地区龙卷风较多"等产生了关注,尤其围绕"本次龙卷风为什么没有提前预报出来"对气象部门进行质疑。

针对此次事件,笔者所在的科普产品创作团队紧急组织内容,利用长期积累的科普资源并结合此次事件,在事发24小时内完成了《龙卷风能被预报出来吗?》的图文作品,并于6月24日上午发布。作品一经推出即得到了各大平台的广泛传播和转载,仅新浪微博转发就近2000次,首发一周内浏览量达1065万,半月内浏览量突破1500万。此外,此前积累的龙卷风系列动画也在中央电视台及时播出,在公众中形成了较大的影响力。此次的应急气象科普不仅较好地为公众进行了解疑释惑,同时也满足了公众对新闻热点事件进行科学知识探知的需求,对突发气象灾害的舆论引导也起到了一定的正面推动作用。

8.3.2 "5·23"重庆开县雷击

2007年5月23日,重庆市开县义和镇兴业村小学发生雷击事件,造成7名小学生死亡、44名小学生受伤。事件发生后,很多人感到震惊,引起了社会对雷击事件的普遍关注。除了缺少避雷装置导致学校教室易受雷击外,教师和学生缺少必要的防雷避险知识和正确应对雷击的技能也是造成此次伤亡事件的重要原因。所以,公众在关注事件本身的同时,他们对雷电灾害以及防御措施等科普知识的需求也被激发了。在此次事件之后,中国气象局组织专家迅速编制了《防雷避险手册》及《防雷避险常识》挂图,并积极向社会公众,尤其是中小学校分发和赠送,受到社会公众的认可和欢迎,同时在一定程度上有效地避免了同类事件的再次发生。也正因为该项工作的重大社会意义,《防雷避险手册》及《防雷避险常识》挂图获得 2011 年国家科技进步奖二等奖。

8.4 结论与讨论

通过上面的分析,我们不难发现,气象科普尤其是应急气象科普工作在舆论引导和突发公共事件应对方面能够发挥重要的作用。

1. 应急气象科普对于突发气象灾害的舆论引导和维护社会稳定具有关键作用

突发气象灾害由于其突然性、不确定性和不可预测性,公众无法对其可能带来的影响和损害进行判断和评估,极易引发恐慌。而这时候,通过快速、积极、正面、权威、通俗的科普工作能够对公众舆论进行正确、规范的引导,有助于缓解公众的恐慌情绪,提高对各种信息的鉴别和判断能力,维护社会稳定。

2. 应急气象科普对于突发气象灾害应对管理具有重要的推动和补充作用

突发气象灾害的应对管理包括多个环节,如监测、预测、预警、风险评估、决策服务、科普宣传等,是一个复杂的业务流程。通过开展突发气象灾害的应急科普工作,可以推动气象科普工作进一步融入突发气象灾害的应对服务业务体系,有效提升相关管理人员的应急管理能力和提高公众的防灾减灾意识和避险自救能力,而这二者能力的提升又会对突发气象灾害应对管理发挥重要的促进和补充作用。

3. 应急气象科普对于提高全民气象科学素质具有拉动和增效的积极作用

无论是哪种类型的突发性气象灾害都具有巨大的影响力,往往都会成为"抓眼球"的热点和社会舆论的焦点。在这个时候科普与相关事件有关的气象科学原理、科学方法和科学精神,往往能起到事半功倍的效果,并且可能引发公众对其延伸内容的主动和长期学习兴趣,这对于提高全民气象科学素质具有很好的拉动作用,同时其取得的直接效益也是常态科普所不能企及的。

4. 应急气象科普取得成绩能够为常态气象科普赢得更好的生存和发展空间,从而进一步增强应急气象科普在舆论引导和突发气象事件中的能力和作用

相对于应急科普,常态科普的作用往往被忽视,但实际上常态科普工作对应急科普的支撑作用要远远大于人们的想象,两者实际上是一体的。它是应急科普能够第一时间精准推送到最需要用户(公众)那里的基石,是应急科普能够最大化发挥效益的基础。打个比喻,常态科普相当于是把水烧到了 99 ℃,应急科普就是最后增加的 1 ℃,水开了,大家把功劳都给了应急科普。但如果没有常态科普的工作,就没有应急科普所能取得的良好效果。应急气象科普所取得的焦点效应和巨大的效益可以为常态科普工作在政策、人员、经费和项目支持上获得更多的关注和支持,为解决其目前所面临的问题,为营造更好的发展环境和发展机遇赢得更多的时间和空间。

参考文献

[1]国务院.国家突发公共事件总体应急预案[M].北京:中国法制出版社,2006.

[2]朱登科.突发公共事件中网络媒体应急科普的作用分析——以人民网、新浪网对汶川地震、甲型 H1N1 流感相关报道为例[J].科技传播.2010(2):226-229.

[3]王渝生,苏青,李万刚.抗震救灾中的应急科普[J].中国科技教育,2008(7):18-25.

[4]中国科协科学技术普及部.科普中国信息化体系建设[J].科技导报,2016,34(12):22-28.

第 9 章

突发公共气象事件
应急科普机制研究

中华人民共和国主席令(第 69 号)批准自 2007 年 11 月 1 日起实行《中华人民共和国突发事件应对法》。制定该法的目的是为了预防和减少突发事件的发生,控制、减轻和消除突发事件引起的严重社会危害,规范突发事件应对活动,保护人民生命财产安全,维护国家安全、公共安全、环境安全和社会秩序。该法第一章总则的第三条明确给出了突发事件的概念,即突然发生,造成或者可能造成严重社会危害,需要采取应急处置措施予以应对的自然灾害、事故灾难、公共卫生事件和社会安全事件。[1]而在这之前的 2006 年 1 月 8 日,由国务院颁布的《国家突发公共事件总体应急预案》中有四大类突发公共事件更详细的描述。其中自然灾害主要包括水旱灾害、气象灾害、地震灾害、地质灾害、海洋灾害、生物灾害和森林草原火灾等。[2]

据统计,在我国所有的自然灾害中,71%是气象灾害,地震灾害占 8%,海洋灾害占 7%,农林牧渔业灾害占 6%,其他的灾害占 8%。[3]因此,做好应急公共气象事件的应对工作,尤其是突发和重大天气气候事件的应对工作对于整体的国家突发公共事件应对具有非常重要的意义。气象科普尤其是应急科普能够在很大程度上预防和减少突发和重大天气气候事件造成的危害和损失,如何建立气象部门的突发和重大天气气候事件应急科普机制,是当前亟需研究解决的问题。

9.1 气象部门突发和重大天气气候事件应急科普发展现状

近年来,政府对突发事件应急管理越来越重视。同时,习近平总书记在

2016年"科技三会"上明确提出"科技创新、科学普及是实现创新发展的两翼,要把科学普及放在与科技创新同等重要的位置"[4]后,各级党委、政府对科普工作的重视程度有所提升,而应急科普由于其在突发公共事件中能够在短时间内发挥独特作用和积极的效果,从而成为目前很多部门打开科普工作突破口的优先选择。气象部门正是在这种大背景下,积极推动应急科普在应对突发和重大天气气候事件以及舆论引导方面的业务化建设工作。

近些年来,在突发事件应急管理和《全民科学素质行动计划纲要》实施工作的推动下,气象部门的应急科普工作也不断得到加强,一方面中国气象局将气象科普工作,尤其是应急科普工作纳入了决策气象服务和公众气象服务的业务体系,把应急科普作为气象监测、预测、预警和服务的一部分,在发生突发和重大天气气候事件时对应急科普工作明确下达任务,并且有考核;另一方面,为进一步提升全民气象科学素质,中国气象局对每年的气象科普工作有详细的规划,并且在年底会对气象科学知识普及率进行调查,并对外公布,应急气象科普工作由于其时效性强、针对性强的特点往往能够在提升气象科学知识普及率上起到事半功倍的效果。

2012年,中国气象局成立了气象宣传与科普中心,气象系统有了一支专门的队伍从事气象科普工作。这对于打造气象科普资源共建共享平台,进一步做好应急气象科普工作奠定了坚实的基础。目前该中心打造的全国气象宣传与科普共享和传播系统已经在全国20多个省(自治区、直辖市)气象局落地应用。依托该系统在2016年结合突发重大天气气候事件制作的应急原创科普作品,如《龙卷风能够预报出来吗?》《热爆了的高温是怎样炼成的?》《北方暴雨"元凶",原来是它!》《"冻哭你"的寒潮是怎么来的?》等及时有效地为公众进行了解疑释惑,取得了良好的科普效果。其中《龙卷风能够预报出来吗?》在江苏龙卷风事件发生后第一时间推出,单篇阅读量突破1500万;《北方暴雨"元凶",原来是它!》阅读量达458万。

9.2 气象部门突发和重大天气气候事件应急科普存在的问题

1. 应急气象科普政策法规和业务流程有待进一步健全和完善

虽然目前应急气象科普工作越来越受到重视,领导也在不同场合强调应急科普工作在汛期服务,尤其是出现突发和重大天气气候事件时要发挥作用,但由于缺少相应的政策法规和业务流程的保障,仅有的一些规定由于缺乏具体实施细则、办法,操作性不强,大多还停留在纸面上,很难贯彻落实。

2. 不同部门之间开展应急气象科普工作的权责有待进一步明确和厘清

目前应急气象科普工作还缺乏顶层设计,气象系统各个部门在应急科普中承担什么样的任务、具有什么权利和职责还不明确,这造成应急气象科普的开展缺乏计划性和长效性,也导致了在出现突发和重大天气气候事件时,大家无法形成合力,影响了应急气象科普效果的发挥。

3. 应急气象科普资源共建共享、人才资源和经费支持需要进一步提升

目前很多方面的应急气象科普资源还很短缺,气象系统内部科普资源的共建共享机制还没有真正建立起来;气象系统专职的科普工作人员还较少,并且没有建立起相应的岗位晋升和人才培养机制,高水平领军人才匮乏;气象部门的科普经费目前主要来自宣传科普项目,并未纳入业务经费的支持范围,这导致针对突发和重大天气气候事件并没有专门的预算资金可用,严重影响应急气象科普工作的开展。

9.3 完善和建立健全气象部门应急气象科普机制的对策和建议

根据对目前气象部门应急气象科普工作现状和问题的分析,我们认为,气象部门应该建立职能部门统一领导,国家级科普业务单位为主体,中国气象局各直属单位和各省(自治区、直辖市)气象局密切配合的重大和突发天气气候事件应急科普机制。具体对策和措施如下:

1. 加强顶层设计,完善和建立健全应急气象科普相关的政策法规和业务流程

在气象科普规划中明确应急气象科普的重要地位,并建立突发和重大天气气候事件应急科普预案;推动应急气象科普工作的相关政策法规的建立健全,如积极推动建立应急气象科普的绩效评估机制。在气象部门现有应急响应业务流程中增加应急气象科普任务,并制定明确的实施方案和操作细则。

2. 明确各个单位在应急气象科普工作中的权利和职责，完善和建立健全突发和重大天气气候事件应急科普联动和协作机制

充分发挥宣传科普联席工作会议作用，明确各个业务单位在应急气象科普中的职责和定位，积极发挥气象宣传与科普中心在气象科普中的"国家队"作用，建立突发和重大天气气候事件应急科普联动和协作机制，调动各方面的积极性，促进应急科普资源的共享共用机制。这样既能集中力量和优质资源做好重大应急气象科普工作，又能发挥各个单位的优势形成应急科普工作的不同特色。

3. 加强应急气象科普人才培养和设立专项资金，完善和建立健全应急气象科普保障机制

通过岗位晋升、职称评定和业务培训等激励和保障措施，从而建立起一支包括科研人员、业务人员和传播人员等在内的稳定的应急气象科普队伍，专业的应急气象科普人才是做好应急气象科普工作的关键；在业务经费中设立应急科普专项资金，并且在经费使用上一定要做到专款专用。针对一些可以预知的重大天气气候事件甚至应该提前做一些科学研究并及时转化，使前沿和尖端的气象科普知识在应急科普中能够发挥更好的效果。

参考文献

[1] 全国人大常委会办公厅. 中华人民共和国突发事件应对法[J]. 中华人民共和国最高人民检察院公报, 2008, 28(1): 44-48.

[2] 国务院. 国家突发公共事件总体应急预案[M]. 北京: 中国法制出版社, 2006.

[3] 郑国光, 刘波. 天气与变化的气候[M]. 北京: 气象出版社, 2016.

[4] 习近平. 为建设世界科技强国而奋斗——在全国科技创新大会、两院院士大会、中国科协第九次全国代表大会上的讲话[J]. 科协论坛, 2016(6): 42-48.

第 10 章

具有"智慧气象"特征的现代化气象科普信息化建设

习近平总书记在中央网络安全和信息化领导小组第一次会议上的讲话中明确指出："没有网络安全,就没有国家安全;没有信息化,就没有现代化。"当今世界,以数字化、网络化、智能化为标志的信息技术革命日新月异,互联网日益成为创新驱动发展的先导力量和技术支撑,深刻改变着人们的生产生活,推动着社会的发展,对全球政治、经济、文化等领域的发展产生深远的影响。信息化和经济全球化相互促进,带来信息和科学技术的爆发性增长,以及传播方式上翻天覆地的变化,这些都使科学传播变得越来越重要、越来越高效便捷、越来越生动有趣,同时诸如大数据、云计算、虚拟现实(VR)等现代信息技术的突飞猛进,也使精准、泛在、交互、沉浸体验式的科普服务成为现实。信息化成为推动科普实现创新发展的绝佳契机。

在2016年习近平总书记发表了"科技创新、科学普及是实现创新发展的两翼,要把科学普及放在与科技创新同等重要的地位"[1]重要讲话之后,多位党和国家领导人都发表了如何进一步加强科普信息化工作的重要观点。如中共中央政治局常委、中央书记处书记刘云山在中国科协第九次全国代表大会上指出："要创新科普理念和服务模式,大力推进科普信息化,注重运用互联网技术开展科普教育,增强科普教育的知识性趣味性,提高科普工作的吸引力感染力,推动形成讲科学、爱科学、学科学、用科学的良好氛围。"[2]中共中央政治局委员、国务院副总理刘延东出席2016年全民科学素质行动实施工作电视电话会议时强调："要大力实施'互联网＋科普'行动,以信息化推动科普工作理念和服务模式的现代化。要以互联网思维改造科普工作体制机制。……要强化科普信息落地应用,依托大数据、云计算等信息技术手段,实现科普精准化服务。"[①]中共中央政治局委员、国家副主席李源潮在中国科协第九次全国代表大会闭幕式上的讲话中也明确:"要大力发展科普信息化,实施'互联网＋科普'工程,创新科普理念、科普技术和科普手段,更好地满足人民群众日益增长的科学文化需求,推动全社会讲科学、爱科学、学科学、用科学"。[②]

除了党和国家领导人的讲话中指出要把科普信息化当作一项重要战略任务来推进和完成外,《中华人民共和国国民经济和社会发展第十三个五年规划纲要》中信息化重大工程专栏关于"互联网＋"行动的部分也指出要"推动'互联网＋'创业创新、协同制造、智慧能源、普惠金融、益民服务、高效物流、电子商务、便捷交通、绿色生态、人工智能以及电子税务、便民司法、教育培训、科普、地理信息、信用、文化旅游等行动,不断拓展融合领域"。[3]科普成为文件中明确指定的"互联网＋"发展方向之一。中国科学技术协会制定的《中国科协科普发展规划(2016—2020年)》中也明确了科普发展的目标任务:"到2020年,建成适应全面小康社会和创新型国家、以科普信息化为核心、普惠共享的现代科普体系,科普的国家自信力、社会感召力、公众吸引力显著提升,实现科普转型升级。"该规划还指出:"必须牢固树立并且切实贯彻创新、提升、协同、普惠的工作理念,实施'互联网＋科普'建设工程、科普创作繁荣工程、现代科技馆体系提升工程、科技教育体系创新工程和科普惠民服务拓展工程,带动科普和公民科学素质建设整体水平的显著提高。"中国气象局在2014年全国气象局长工作研讨会上提出了"信息化应该是'做强气象'和'改造气象'的主要途径之一"。在2015年全国气象局长工作研讨会的报告中明确提出:"发展观测智能、预报精准、服务开放、管理科学的智慧气象,是气象与经济社会融合发展的重要支撑,是转变气象发展方式的重要途径,也是全面推进气象现代化的重要突破。"

10.1 气象科普信息化内涵及现状

要想说清楚气象科普信息化的内涵,首先要搞清楚什么是气象信息化、什么是科普信息化。中国气象局制订的《气象信息化行动方案(2015—2016年)》

---

① 刘延东.创新科普理念和服务模式　打造信息化科普新引擎,全民科学素质行动实施工作电视电话会议上的讲话,2016年6月22日。

② 李源潮.创新科普方式　更快更有效地提升全民科学素质,中国科协第九次全国代表大会闭幕式上的讲话,2016年6月2日。

指出：气象信息化不仅是气象部门内部的一场信息技术革命,更是全面服务于以"业务现代化、服务社会化、工作法治化"为特征的气象现代化,以"互联网＋"理念推进气象与国家发展战略、社会经济发展、百姓衣食住行深度融合,赋予现代气象"智慧"的新特征。科普信息化是推动科普创新发展的深刻变革,它主要是通过信息化的手段普及科学知识、倡导科学方法、传播科学思想、弘扬科学精神,提高全民科学素质,引导广大公众理解科学,或者是通过网络科普的形式传播科学知识。[4] 现代气象科普信息化除了拥有科普信息化相关的特征和优点外,还应该是和气象监测、预报和服务一体的信息化,气象科普信息化应该是作为整个气象信息化重要一环的信息化,是有自己气象特色的信息化,这才是气象科普信息化建设的核心环节,也是体现"智慧气象＋科普"的本质特征。

目前,气象科普信息化初见成效。中国气象局完成了全国气象科普资源共享与传播平台、全国气象科普教育基地管理平台、全国中小学气象科技教育交流平台的建设。其中全国气象宣传科普资源共享与传播系统作为整个气象系统的科普业务平台,对于信息化气象科普产品的收集、整合、制作、管理和发布起着重要的支撑作用。大力提高中国气象网、中国气象科普网、中国天气网及其微博、微信和客户端中气象科普内容的建设。截至 2016 年底,全国气象部门共开通微博、微信等官方新媒体 1600 余个,粉丝超过 6000 万,组建了以国家级和省级为核心的气象科普微博、博客群。相关单位与新华网、人民网等主流新媒体及新浪网、凤凰网、今日头条等社会新媒体平台进行深入合作,在重大气象事件中实现传播联动,扩大了气象科普的覆盖面和影响力。此外,中国气象局气象宣传与科普中心作为中国气象局系统科普业务"国家队",同时也是中国科协 10 个科普信息化专项试点单位,在推进气象科普信息化建设以及融入整个科普信息化建设过程中一直在发挥积极的推动和引领作用。总之,气象科普信息化还处在其发展的初级阶段,但在中国气象局积极开展气象信息化建设以及大力推进以"智慧气象"为目标的现代化建设的历史机遇期,气象科普信息化有可能取得跨越式发展。

10.2　气象科普信息化和"智慧气象"之间的内在联系

"智慧气象"是基于云计算、大数据、移动互联、物联网等新的信息技术广泛和深入应用,使气象系统具备自我感知、判断、分析、行动、自适应、创新能力,能够敏锐捕捉到气象业务、服务、管理的各种需求,同时对这些需求做出智能快速的响应,为经济社会发展、国家安全和可持续发展提供一流的气象保障服务。从"智慧气象"的定义中我们不难看出,首先,"智慧气象"是个信息化概念,"智慧气象"中用到的云计算、大数据、移动互联和物联网等都是最前沿、最尖端的信息化技术,信息化是全面推进气象现代化的内在要求,是实现"智慧气象"的重要支撑;其次,"智慧气象"又绝不仅仅是个信息化概念,它只是"智慧气象"的重要支撑之一,其核心内容包括智能的信息获取、精准的气象预报、开放的气象服务、精细的科学管理、深度的产业融合、持续的科技创新。最后,气象科普信息化的建设离不开"智慧气象"理念的指导,以"智慧气象"为目标的气象现代化建设能够为气象科普信息化发展的提供更多的机遇和保障,而气象科普信息化的发展能够进一步促进"智慧气象"的早日实现。

10.3 具有"智慧气象"特征的现代化气象科普信息化建设设想

首先,我们要建设的气象科普信息化不能离开气象"主业",是为现代化气象业务(包括监测、预报预测、公共服务等)服务的气象科普信息化;其次,我们要建设的气象科普信息化又不局限于气象"主业",是与其他部门(如农业、地震、环保、林业、水文等)等科普工作相互融合、协同发展的气象科普信息化。此外,我们的气象科普信息化是要紧跟科技创新,并逐步融入和展现科技创新成果的气象科普信息化。

总之,我们要实现的具有"智慧气象"特征的现代化气象科普信息化体系,以全国气象宣传科普资源共享和传播系统为统领,突出气象科普内容建设,以宣传科普中心为业务牵头单位,依托中国气象局直属业务单位和各省(自治区,直辖市)气象局,借助现有内外传播渠道和信息服务平台,统筹协调各方力量(包括社会力量和市场力量),整合集约融合各方资源,精分用户和对象,构建能够全面、系统、实时满足气象观测、预报和服务等业务需求和公众多样性、个性化气象科普信息需求的现代化气象科普信息化业务体系。要想实现具有"智慧气象"特征的现代化气象科普信息化建设任务和目标,必须做到以下几点:

(1)加强气象科普信息化及其与"智慧气象"更深层次关系的理论研究。理论研究是一些实践工作的基石,只有进一步搞清楚气象科普信息化建设的内涵,气象科普信息化与科普信息化的相同点和不同点,尤其是如何利用"智慧气象"的理论加强气象科普信息化建设以及气象科普信息化如何在"智慧气象"体系中展现自己等关键性问题,才能更好地建设具有"智慧气象"特征的气象科普信息化体系。

(2)制定气象科普信息化专项规划和实施方案。科学合理的规划是保证工作能够持续顺利进行的重要前提之一。气象科普信息化是一项系统性很强的长期工作,必须结合目前气象科普工作、气象信息化和气象现代化的现实情况和未来发展方向,充分调查研究,制定符合气象部门特点的气象科普信息化专项规划,要明确气象科普信息化的定位、指导思想、工作目标、重点任务。同时,为保证规划能够落到实处,还要制定气象科普信息化专项规划的实施方案,把规划中的工作目标、重点任务逐条分解,变成可检查、可考核的具体工作任务,确定相关的责任单位和人,并为这些工作和任务提供必要的政策、人员和经费保障,只有这样才能保证气象科普信息化工作的顺利开展。

(3)推动气象科普信息化工作纳入气象业务服务体系。气象部门是个业务部门,只有将气象科普信息化工作纳入气象业务服务体系中,使它成为气象业务服务中一项必不可少的环节,才能真正发挥气象科普信息化工作的作用,也只有和气象监测、预报预警、公共服务等核心业务紧密结合才能提升气象科普工作的价值,才能为气象科普信息化工作争取到更多的支持和保障。

(4)通过气象科普信息化工作提升气象科普资源整合、共建共享和科学传播能力。充分利用气象科普信息化工作梳理,整合气象部门气象科普资源,并逐步推动分散的基础平台整合、网站整合、业务系统(包括数据库)的整合,在此基础上开展原创气象科普产品的设计和开发,促进资源优化配置、提升资源使用效益,建立资源共建共享、互利共赢、开放合作的气象科普工作机制,推动全国气象科普业务的一体化、集约化和标准化发展。

(5)加强公益性科普事业和经营性科普产业并举的方式推进现代化气象科普信息化建设。开展科普工作政府的支持非常重要,而且目前气象科普工作基本也是吃"财政饭",但要想建设成具有"智慧气象"特征的气象科普信息化体系,我们必须要更好地利用市场机制和社会力量,一方面我们推动气象部门各个直属单位和各个省(自治区、直辖市)履行好其科普职责,另一方面我们也要鼓励他们充分发挥市场配置资源的决定性作用,动员更多的社会力量参与科普信息化建设,积极促进科普事业和产业的协调发展,加快现代化气象科普信息化建设的进程。

(6)建立和完善社会动员和激励机制吸引更多的力量参与现代化气象科

普信息化建设。气象部门目前专职的气象科普工作人员,尤其是科普产品策划设计和创作人员很少,只有不断建立和完善气象科普信息化建设的社会动员和激励机制,才能吸引更多的气象科学家、业务人员和普通社会公众参与到气象科普信息化内容的原创、共建、共享的工作中来,才能不断让气象科普工作更好地服务气象业务,才能不断提升气象科普信息化的品牌价值。

(7)加强气象科普信息化人才培养并逐步完善人才队伍的培养、管理和保障制度。气象科普信息化人才主要应包括几方面的专业人才,首先是科普创作人才,他们能够把深奥的科学知识和科学原理转化成公众能够听得懂的话语;其次是科学传播人才,他们是能够策划、设计、制作和传播的媒体人,如科学记者;第三是具有信息化技术的人才,他们对计算机、网络和一些前沿的信息化手段比较熟悉,能够把科学内容通过各种各样的表达方式和表现手法转化成生动、有趣的科普产品。有意识地加强气象科普信息化人才的培养可以保证气象科普信息化体系建设的质量,而把人才培养、管理(包括职称评审、岗位晋升等)和保障形成制度是具有"智慧气象"特征的现代化气象科普信息化体系能否成功的关键。

参考文献

[1]习近平.为建设世界科技强国而奋斗——在全国科技创新大会、两院院士大会、中国科协第九次全国代表大会上的讲话[J].科协论坛,2016(6):42-48.

[2]刘云山.科技工作者要争做创新发展的时代先锋——在中国科协第九次全国代表大会上的祝词[J].科协论坛,2016(6):13-15.

[3]国家发展与改革委员会.中华人民共和国国民经济和社会发展第十三个五年规划纲要[M].北京:人民出版社,2016.

[4]王延飞.推进科普信息化应突出五个"着力"[J].科协论坛,2015(11):8-12.